A SAND COUNTY
ALMANAC & SKETCHES
HERE AND THERE

沙乡年鉴

Aldo Leopold

〔美〕奥尔多·利奥波德 著

杨 蔚 译

台海出版社

果麦文化 出品

目录 / contents

致我的埃斯特拉 [1]

前言 Foreword

有人离了荒野自然也能生活，有人却不行。这些小文便是一位离不了之人的喜乐与两难。

就像风起日落，除非不复出现，自然总被视为理所当然。如今我们面对的问题是，一潭死水一样的所谓更高"生活水平"，能否值得为它所耗去的那些自然、荒野和自由。对于我们这些少数派来说，窥见雁群的机会比看电视更重要，找到一朵白头翁花的可能是与言论自由一样不可或缺的权利。

我承认，这些野生的生命在机械化农业保障我们享有美好的早餐之前，在科学揭示出它们来自何处、如何生长的奥秘之前，于人类几无价值可言。归根结底，所有矛盾都是分寸尺度的问题。我们这些少数派看到了回报递减的法则正日益彰显，而我们的反对者却毫无察觉。

人必须因应现实而谋求解决之道。这些小文便是我的因应之道。它们分为三个部分。

第一部分讲述我与家人在周末"小屋"的见闻、经历，那是远离过度现代化的世外桃源。这个威斯康星州的沙地农场先是为我们那"更宏大更美好"的社会耗尽了地力，然后便被弃置一旁。我们尝试用铁铲和斧头重建那些正在别处渐渐消逝的东西。正是在这里，我们寻觅——并且不断发现着——上帝赋予我们的本质。

这些小屋写生依时令排序，是为"沙乡年鉴"。

第二部分，"漫行随笔"，回顾我生命中那些一步步引导我离群独行的片段，在这个过程中，有时充满了痛苦。这些片段颇具代表性，它们发生在美洲大陆各地，前后贯穿四十余年，都有着共同的标签：环境保护。

第三部分，"总结"，以更富于逻辑性的语言阐述我们这些"异见者"的部分"异见"观点。唯有最认同我们的读者才可能愿意花费气力应付第三部分的哲学问题。我想，或许可以这么说，这些小文会告诉同道中人，如何追本溯源，齐步同行。

环境保护事业至今一无所成，究其缘由，在于它与我们的亚伯拉罕诸教[2]的土地观念不符。我们将土地视为占为己有的商品，因而滥用它。也许，只有当土地被看作人类所处的生态共同体中的组成部分时，我们才会开始怀着爱与敬意来对待它。土地要逃离机械化人类社会的影响而继续生存，人类要在科技的钳制下收获土地所能供给的审美果实并贡献给文明，这是唯一的选择，别无他途。

土地是生态群落，这是生态学的基本概念；土地应当被爱、被尊重，这是伦理学的延伸。是土地孕育了文明成果，对此，人类早就知道，只是近来却常常忘记。

这些随笔小文正是试图将这三方面内容加以融会、串联。

当然，这样一种关乎土地与人类的观点必定受个人经验与见识所限，瑕疵偏颇在所难免。但无论真理存在于哪里，事实总是显而易见的：我们"更宏大更美好"的社会如今就像个疑病症患者，如此关注它自身的经济健康，以至于丧失了保持健康的能力。整个世界都太过于贪婪地渴望更多浴桶，却丢失了打造它们，乃至于关掉水龙头所必需的沉稳有度。眼下，再没有什么能比一点点对于物质颂歌的适当轻蔑更有益的了。

也许，通过参照自然、野性与自由的一切，来重新评估非自然的、驯化的、禁锢的产物，能够促使这种价值观有所改变。

奥尔多·利奥波德
威斯康星州麦迪逊市
一九四八年三月四日

Part I: A SAND COUNTY ALMANAC

卷一：沙乡年鉴

一月　January

January Thaw
一月解冻[3]

　　每年，仲冬的暴风雪过后，一个温暖的夜晚便到来了，冰雪开始消融，水滴落到土地上的声音清脆可闻。无论夜间酣睡的生灵，还是长冬沉眠的动物，都在这时起了奇妙的萌动。深深蛰伏在地下洞穴里的臭鼬舒展了蜷曲的身体，勇敢地向这湿漉漉的世界出发，静悄悄地，肚腹拖过雪地。一年过去，新岁复始，在这轮回中，它的踪迹是最早出现的确切标识之一。

　　与其他时节不同，这踪迹透着一股子对俗世杂务的漠不关心：它笔直穿越田野，就像是留下它的人心中存着高远的志向，抛开了束缚，一意向前。我追踪着，想知道这只臭鼬的心境、渴望，也许，还有它的终点。

　　每年的一月到六月，惹人分心的东西总是逐月成倍增长。一月里，你可以追踪臭鼬的足迹，或是寻觅山雀合唱团的身影，要不就探查一下鹿巡视过怎样的小松树，水貂挖了哪些麝鼠的窝，只偶尔才会被其他事情引得稍稍走会儿神。一月的观察尽可以如雪般纯粹、宁静，同时也像寒冷般持续。观察什么生命做了什么事并非全部，这是寻根究底的时候。

一只田鼠被我吓了一跳，埋头横冲过臭鼬的小道。它为什么会出现在大白天？大概是在为冰雪消融而悲伤吧。它曾在积雪下建造迷宫，辛勤地啃噬纠结的野草，开掘出纵横交错的秘密通道，如今秘道不再，只有路径袒露人前，徒惹讥嘲。是啊，暖阳打从根底上嘲弄了田鼠们的经济体系！

田鼠是冷静清醒的居民，他知道，草长是为了让老鼠们能够蓄起地下的干草垛，雪落是好让它们建起连接草垛与草垛的地道——供给、需求、运输，一切都井井有条。对田鼠来说，白雪意味着远离饥馁与恐惧。

一只毛脚鵟出现在前方，掠过草甸。它停下来，悬在半空，有如翠鸟一般，然后，猛地一头扎进沼泽地里，就像一枚生了羽毛的炮弹。它没再飞起来，所以我确信它捕猎成功了，这会儿正在享用某只忧心如焚的田鼠工程师，这家伙多半是等不及天黑就跑了出来，想检视自己原本井然有序的小天地究竟蒙受了多大的损失。

毛脚鵟不明白草为何长，但它很清楚，雪融是为了让鹰隼们能够再次抓到老鼠。它离开北极圈，怀着大地解冻的期望南下，对它来说，冰雪消融意味着远离饥馁与恐惧。

臭鼬的足迹伸进了树丛，穿过一片林间空地，空地上的积雪被兔子们踩得结结实实，布满了斑斑驳驳的浅粉色尿迹。因为这融冰的暖，刚刚钻出地面的栎树苗献出了它们裹着新嫩树皮的枝茎。兔毛簇簇散落，宣告着全年第一场战争已经在热情的牡兔间爆发了。继续向前，我发现了一点血迹，周围有一圈猫头鹰翅膀扫过的弧痕。对这只兔子来说，解冻意味着远离饥馁，却也让它冒失地抛开了恐惧。猫头鹰提醒它，春思不可取代谨慎。

臭鼬的足迹仍在向前，对备选的食物不屑一顾，也不关心它的邻居们是嬉闹欢跳还是遭到了报应。我很好奇它在想些什么。是什么让它离开了软床？这个胖家伙是不是有个浪漫的理由，所以才拖着它圆滚滚的肚腹穿过湿漉漉的融雪？最后，足迹钻进了一堆浮木，不再出现。我听到木堆里水滴落的声音，猜想着，臭鼬大概也听见了。我转身回家，仍然好奇地琢磨着。

二月　February

Good Oak
好栎树

从未拥有过农场的人可能陷入两种心智的险境。第一种，是想当然地认为早餐来自食杂店；另一种，是以为温暖来自锅炉。

要躲开第一种危险，人们应当耕种一片菜园，而且附近最好没有食杂店，免得混淆视听。

要避免第二种危险，他得拿起上好的栎木柴火放在壁炉柴架上，等待它烘暖他的小腿。那应该是在二月里，暴风雪摇晃着屋外的树木，屋子里最好没有锅炉供暖。如果一个人曾亲手砍下过上好的栎树，将它劈开，拖回家，堆起自己的柴堆，并且全身心沉浸在那整个过程中，他就会大体知道温暖究竟从何而来，也就会有丰富的点滴体验来反驳窝在城里守着暖炉过周末的人。

正在我的壁炉里烧得通体发红的那块栎木，曾经生长在一条延伸到沙岗顶上的移民老路旁。当这棵树倒下时，我量过，那树干直径足有三十英寸。它拥有八十圈年轮，所以小树苗必定是在一八六五年就印下了第一圈年轮，那是南北战争的最后一年⁴。可只要看看如今那些树苗，我就知道，若没有十年或更长的时间，栎树是摆脱不了兔子的威胁的。在长到足够高大之前的每一个冬天里，它都可能被兔子啃去树皮，留下一圈"腰带"，无法在来年夏天再度抽枝发芽。是的，每一株幸存的栎树都得益于兔子的疏忽或兔群的稀落。总有一天，某位耐心的植物学家会绘制出栎树生存年份的曲线图，发现每十年都会出现一个峰顶，而每个峰顶都对应着兔群兴衰的十年循环之期（借由这样从不停歇的物种生存拉锯战，动物与植物达成了恒久的共生）。

这么看来，六十年代中期⁵曾经历过一次兔子数量的低谷，就在那时，我的栎树开始长出年轮。不过，要说抽出这株幼苗的橡子⁶出生的日期，就还得再往前数十年。那时候，大篷车还穿行在我的小道上，一路奔向大西北⁷。或许正是川流不息的移民马车让道路两侧变得荒芜光秃，这粒特别的橡子才得以在阳光下舒展开它的第一片叶子。每一千粒橡子中只有一粒可以长大到足以与兔子抗衡，余下的全都湮灭在茫茫草海之下。

这粒橡子没有被湮灭，还攒下了足足八十年的六月阳光，想起来就叫人觉得温暖。如今，借着我的斧头和锯子，它将这些年的阳光释放出来——它们穿越了八十年来的暴风雪，温暖着我的小屋和灵魂。青烟缕缕，从我的烟囱里逸出，告诉每一个有心人，阳光没有白费。

我的狗不在乎温暖从哪里来，却非常在乎它来不来，来得有多快。事实上，它大概觉得我能够制造出温暖这事儿是某种神奇的魔法。因为，当我在又黑又冷的拂晓前起身，发着抖，跪在壁炉前生火时，它总会殷切地挤到我和我架在炉灰上的细柴之间，我得从它的腿间将火柴送进去点燃木柴。我想，这就是那种足以令天地动容的信念吧。

终结这株不寻常栎树的，是一道闪电。那是七月的一个夜晚，我们都被炸响的雷声惊醒了。大家意识到闪电准是就落在附近，不过，既然没有击中我们，我们便只管继续睡觉。人总是以自我评估万物，面对闪电尤其如此。

第二天清晨，当我们在沙山散步，欣喜于雨水新润过的金光菊和达利菊时，却偶然看见了一大块刚刚从路边栎树干上剥落的树皮。树干上缠绕着一条长长的螺旋疤痕，树皮剥落了，露着白生生的木质，还没被太阳晒黄。又过了一天，树叶开始枯萎，我们就知道，闪电为我们留下了三考得[8]的备用柴火。

我们为这老树而哀伤，却也清楚地知道，它的子孙已经成片地挺立在这沙土地之上，高大健壮，接过了它的育木职责。

我们让这死去的老树沐浴在它再也无法吸收的阳光下，晾了一年。然后，在一个干爽的冬日里，将新锯贴上了它堡垒般的根底。钢锯滑动，历史的碎屑飞溅纷扬，散发着清香，洒落雪上，积在每一位跪地拉锯者的膝前。我们明白，这两堆锯屑远不止是木头，它们黏合着一个世纪的延续，如今，锯子正截断它们的道路，一锯接着一锯，十年又十年。这漂亮的栎树用一年一圈的同心圆记下了它的生命年表，而我们，正步步深入。

只十来锯，便滑过了我们拥有这片农场的短短数年，我们用这些时间来学着爱它，珍惜它。下一秒，我们闯进了从前的岁月。我们的前任农场主是个私酒贩子[9]，他憎恨农场，榨干了它的最后一丝地力，烧毁了农舍，最后把它扔给县里（还欠着税），自己消失在大萧条时期众多籍籍无名的无地者中，不知所终。然而栎树还是为他长出了漂亮的木头，它的锯屑和我们的一样芬芳，一样健康，一样透着粉红的色泽。栎树待人一视同仁。

在一九三六、一九三四、一九三三和一九三零年间，某个沙尘肆虐的大旱日子里，私酒贩子的统治到了头。那些年里，从他的蒸馏房里飘出的栎木烟和沼泽地里蒸腾起的泥炭灰必定曾经遮住了太阳，按部就班的保护政策尚未来到这片土地。但锯屑并没有什么不同。

休息！掌锯者[10]高喊。我们停下来歇口气。

现在，我们的锯子切入了二十世纪二十年代，那是巴比特[11]式的十年，所有东西都在傲慢与无意间渐渐膨胀，变得越来越大，越来越好——直到一九二九年，股票市场轰然崩塌。即便栎树听到了股市崩溃的消息，它的木头上也没留下任何痕迹。它也不关心立法部门的若干项爱树声明——一九二七年的国家森林和森林作物法规，一九二四年密西西比河上游谷地的大保护行动，一九二一年新的森林政策。它也不曾留意一九二五年州内[12]最后一只美洲貂的死亡，或是一九二三年第一只紫翅椋鸟的到来。

一九二二年三月，一场大冰雹打得周边的榆树肢残骨折，可我们的树上看不出一丝伤痕。对于一棵好栎树来说，成吨的冰块，多些少些，又能如何？

休息！掌锯者高喊。我们停下来歇口气。

现在，锯子探进了一九一〇至一九二〇年间，那是排水梦的十年，蒸汽挖土机吸干了威斯康星州中部的沼泽湿地来建造农场，最后却只留下一堆堆残烬。我们的沼泽幸免于难，不是工程师们心存警惕或仁慈，只不过因为，从一九一三年直到一九一六年，每年四月暴涨的河水都会将它淹没，水势如此凶猛，也许算是一种自卫式的复仇。栎树还是照样生长，哪怕是在一九一五年，最高法院废除了州立森林的设立，菲利普州长断然宣称"州属林地不是个好买卖"（州长大人没有想过，对于什么是好，乃至于什么是买卖，或许有不止一种定义。他没有想过，当法庭在法律文本上写下一条有关"好"的定义时，大火就在地面上写下了另外一条。或许，要当州长就必须抛开对这类事情的疑虑吧）。

林地在这十年里不断缩减，保护运动却也同时高歌猛进。一九一六年，雉鸡成功在沃克肖县[13]安家；一九一五年，联邦出台法律禁止春猎；一九一三年，一所州立野生动物养殖场建立；一九一二年，"雄鹿法令"[14]为雌鹿提供了保护；一九一一年，动物保护区风行全州。"动物保护"成了神圣的字眼，可栎树一无所觉。

休息！掌锯者高喊。我们停下来歇口气。

现在，我们锯到了一九一〇年。这一年，一位伟大的大学校长[15]出版了一部环境保护著作，一场叶蜂大灾杀死了成百万的落叶松，一场大旱引发的松林火灾烧尽了菠萝园，一艘大挖泥船掏干了霍里肯沼泽[16]。

我们锯到了一九〇九年，那时胡瓜鱼刚刚在五大湖[17]落户，多雨的夏天让立法委员会削减了森林防火经费。

我们锯到了一九〇八年，干旱的一年，森林大火熊熊燃烧，威斯康星失去了它的最后一头美洲狮。

我们锯到了一九〇七年，一只寻觅乐土的猞猁游游荡荡迷失了方向，在戴恩县[18]的农场上完结了生命。

我们锯到了一九〇六年，第一位林务官走马上任，火舌席卷了这些沙土之乡的一万七千英亩土地；我们锯到了一九〇五年，苍鹰自北南迁，声势浩大，吃光了本地的榛鸡（那些鹰定曾盘踞在这棵树上，吃着我们的榛鸡）。我们锯到了一九〇二年末至一九〇三年初，苦寒之冬；到了一九〇一年，史上最严重的干旱之年（年降雨量仅十七英寸）；一九〇〇年，充满希望、祈愿的世纪之年，栎树的年轮一如既往。

休息！掌锯者高喊。我们停下来歇口气。

现在，我们的锯子行进到了十九世纪九十年代，人们将目光从土地转向了城市，称之为"欢乐时光"。我们锯进了一八九九年，最后的旅鸽在往北两个县的巴布科克附近遭遇了子弹；我们锯进了一八九八年，干燥的秋天，无雪的冬天，土壤冻结深及七英尺，苹果树纷纷死去；我们来到一八九七年，又一个旱年，又一个林业委员会建立；一八九六年，斯普纳以一村之力向市场输送了两万五千只草原松鸡；一八九五年，又一个火灾频发之年；一八九四年，又一个旱年；一八九三，"蓝鸲风暴"年，三月的一场暴风雪几乎让南飞的蓝鸲全军覆没（每年最早到来的蓝鸲总会在这棵栎树上歇歇脚，但在九十年代中期[19]时，它们一定是毫不犹豫地径直飞过）。我们锯到了一八九二年，另一个火灾年；一八九一年，松鸡的小年；一八九〇年，巴氏乳脂测量法[20]发明，让半个世纪之后的埃尔州长可以自夸：威斯康星是美国的"乳品之乡"。如今车牌上夸耀的都是这些，恐怕就连巴布科克教授本人也从来没有想到过。

同样是一八九〇年，为了在草原之州[21]为奶牛修建它们红色的牛栏王国，有史以来最浩大的松木排军团在威斯康星河上顺流而下，我的栎树将这一切尽收眼底。这些好松树如今就矗立在牛群前，为它们抵挡着暴风雪，就像我的好栎树为我遮挡风雪一样。

休息！掌锯者高喊。我们停下来歇口气。

现在，我们的锯齿咬进了十九世纪八十年代：一八八九年，旱年，植树节设立；我们来到一八八七年，威斯康星州任命了它的首任狩猎监督员；来到一八八六年，农业大学开设了首期农民短训班；来到一八八五年，"前所未见的漫长严冬"拉开了这一年的大幕；来到一八八三年，W.H.亨利院长发表报告，称麦迪逊的春花比平均时间推迟了十三天开放；一八八二年，历史性的暴雪严寒自一八八一年贯穿而来，曼多塔湖[22]推迟了一个月方才开冻。

还是一八八一年，威斯康星农业协会争论着一个问题："如何解释近三十年来全国范围内黑栎次生林的大量生长？”我的栎树就是其中之一。有人断言这是自然规律所致，有人认为是南飞的鸽群带回了橡子。

休息！掌锯者高喊。我们停下来歇口气。

现在，我们的锯齿咬进了十九世纪七十年代，这是威斯康星为小麦而疯狂的十年。一八七九年的某个周一上午，谷长蝽、蝼蝈、锈菌和土壤肥力耗竭终于让威斯康星的农夫们承认，在不顾地力追求小麦产量的竞赛中，他们无法与更西部的处女地大草原抗衡。我怀疑这片农场也曾参与到那场竞赛中，也许就是因为种过太多麦子，我的栎树北面那块土地才开始了沙化。

仍旧是这个一八七九年，栎树见证了鲤鱼首次在威斯康星投入养殖，眼看着偃麦草悄悄从欧洲偷渡而来。一八七九年十月二十七日，六只长途跋涉中的草原松鸡在麦迪逊城的德国卫理公会教堂房梁上落脚小憩，看了看这座发展中的城市。十一月八日，报道称麦迪逊的市场里塞满了十美分一只的鸭子。

一八七八年，一位来自索克拉匹兹城[23]的猎鹿人颇有远见地评论：“以后猎人肯定比鹿还多。”

一八七七年九月十日，一对兄弟在马斯基根湖一天便猎获了二百一十只蓝翅鸭。

一八七六年，有记录以来雨水最多的年份，降雨量高达到五十英寸。草原松鸡数量零落，或许正是暴雨的缘故。

一八七五年，四名猎人在本地往东一个县的约克草原[24]猎杀了一百五十三只草原松鸡。同一年，在我的栎树以南十英里外的德弗尔斯湖里，美国渔业协会开始繁育大西洋鲑鱼。

一八七四年，工厂制造出棘铁网，钉在了许多栎树上——但愿如今我们正锯着的这棵栎树里没有埋着这样的东西！

一八七三年，一家芝加哥公司卖掉了两万五千只草原松鸡。整个芝加哥总共买卖了六十万只，一打不过能换三美元二十五美分。

一八七二年，最后一只野生威斯康星火鸡被杀死，就在西南方两个县。

这终结了拓荒者疯狂小麦盛宴的十年，同样终结了拓荒者的鸽血狂欢。这种说法并无不妥。一八七一年，从我的栎树往西北五十英里的三角区域内，据估算曾生活着一亿三千六百万只旅鸽，说不定还有些就安家在我的树上，要知道，那时候它已有二十英尺高，正值年少，枝繁叶茂。捕猎者蜂拥而至，挥舞着他们的网和枪、棍棒和盐块，做起了买卖，将这些未来的鸽肉馅饼送到南面和东面的城市里，一车接着一车。这是它们在威斯康星州最后一次大规模筑巢栖居，大概也是在所有州内的最后一次。

仍然是这个一八七一年，帝国前行的艰难有了新的证据：佩什蒂戈大火[25]吞噬了两三个县的树木与沃土，芝加哥大火[26]据说只缘于一头奶牛的愤怒一踢。

一八七〇年，田鼠军团上演了它们的帝国之舞，它们啃光了这个年轻的州里新种下的果树，然后死去。我的栎树逃过一劫，对老鼠来说，它的树皮已经长得太厚太硬。

也是在这一年，一个商业猎手在《美国冒险家》上自吹自擂，说一季就在芝加哥附近杀死了六千只野鸭。

休息！掌锯者高喊。我们停下来歇口气。

现在，我们的锯子来到了十九世纪六十年代。这一时期足有数以千计的人死去，只为解决一个问题：人与人组成的群落是否轻易就能被肢解？他们解决了这个问题。可无论他们还是我们，都没有看到，同样的问题也存在于人与土地的群落间。

这十年也并非不存在对重大事件的探索。一八六七年，因克里斯·A.拉帕姆[27]说服州园艺协会设立林场奖项。一八六六年，最后一只威斯康星本土马鹿被杀死。锯条现在割开了一八六五年，我们栎树的初纪年。那一年，约翰·缪尔[28]提出购买他兄弟的土地，想要保护少年时曾令他欢欣快乐的野花——他的家庭农场就在我的栎树往东三十英里处。他的兄弟拒绝出让土地，可他始终无法压抑这样的念头：善待自然、荒野与自由之物。这观念在这一年诞生，一八六五年也因此载入了威斯康星的史册。

我们抵达了树心，锯齿开始反过来顺着时间前行：我们已经回溯了这些年，现在要朝着树干的另一侧推进了。到最后，巨大的树干一阵颤抖，锯槽猛然张开，随着拉锯人向后一跃退往安全地带，锯子飞快扯动着，大家齐声高喊"顺山倒啦！"，我的栎树倾斜着、呻吟着，发出雷鸣般的惊天巨响，轰然倒下，横卧在曾给予它生命的移民道路上。

现在，该处理木头了。一截截树干被顺次立起，大槌砸在钢楔上铿然作响，都只为了把它们劈作芬芳的木块，好整整齐齐码在路边。

对于历史学家来说，锯子、楔子、斧子的不同功用各有其深意。

锯子只用来穿越时间，必定是一年一年，照着顺序来。从每一年里，锯齿都会拽出些细小的历史碎片，积成一个一个小堆，伐木人称之为锯末，历史学家称之为史料——两者都得依赖这些样品，由它们显露在外的可见，推断深藏于内的不可见，继而得出判断。这并不需要等到树木倒下，剖面完全显露，树桩亮出整个世纪的模样。树木用它的倒下来证明，那被称为"历史"的一锅大杂烩，其实是如此的完整紧密。

另一边，楔子只在径向剖分上有效。这样的分离，要么一次把所有年份统统摊开，要么分毫不露，其中诀窍完全在于选对合适的纹路揳入（要是吃不准，就晾上一年，等它自然开裂。许多被慌忙敲下的楔子就因为陷在了不可能裂开的横纹里，只好埋在木头中生锈）。

斧头只在需要斜切入年轮时才能发挥作用，也仅限于最近几年的外圈同心圆。它的特殊功用在于斫除多余枝条，在这方面，锯子和楔子都派不上用场。

无论是好栎树还是好历史，都离不了这三样工具。

就在我沉思时，水壶正在歌唱，那漂亮的栎木躺在白灰上，燃成了红亮的炭。等到春天来临，我会把这些木灰送回沙山脚下的果园。它们会再次来到我身旁，也许变成了红艳艳的苹果，也许化作十月里某只胖松鼠身上勃勃的进取心，这个小家伙专心忙碌着埋下橡子，可自己也不知道是为了什么。

三月 March

The Geese Return
大雁归来

孤燕不为夏，但当一群大雁划破三月回暖带来的沉沉雾霭时，就真的是春天了。

主红雀若是误把暂时的暖期认作春天而啁啾歌唱，也还来得及纠正错误，回归冬日的沉默。花栗鼠若是爬上地面想晒晒太阳却遇上了风雪，也只需要重新回到床上。可是，一只长途跋涉的大雁，在黑夜里飞越两百英里，赌上前来寻找破冰湖面的好运气，就没那么容易回头了。它的到来是先知者破釜沉舟的坚定自信。

对于不曾抬眼看看天空，也不曾竖起耳朵聆听雁鸣的人来说，三月的清晨与每个单调暗淡的日子并无不同。我曾经遇到一位学识出众的女士，头顶着大学优等生荣誉学会[29]的光环，却告诉我，她从未看到大雁一年两度的来去，也不曾听过它们向她那完美阻隔寒暑的屋顶发出的季节更迭宣言。莫非教育就是用感受力来折价换取某些不尽珍贵的东西？大雁若也如此，那很快就只能剩下一堆羽毛了。

向我们农场发布季节通告的雁群懂得很多，包括威斯康星州的法则。十一月里，雁群南飞，骄傲地从我们头顶高高掠过，哪怕对最爱的沙洲和沼泽地也不屑一顾，径直奔向朝南二十英里外最近的大湖。即便最擅长寻路的乌鸦[30]也飞不出这样完美的路线。白天，它们在宽阔的湖面上悠然游弋，夜晚便悄悄到刚收割过的庄稼茬间偷吃些玉米。十一月的大雁知道，从清晨到夜晚，每一处沼泽和水塘边都竖满了满怀期待的枪口。

三月的大雁就完全是另一回事了。尽管差不多整个冬天都在被枪口瞄准——看看它们那留下了大号铅弹伤疤的翅膀吧——可它们知道，春天的休战协议已经生效。它们依着河曲蜿蜒飞行，低掠过如今已不见枪管的矶石与小岛，与每一片沙洲絮絮寒暄，就像重逢了久别的老友。它们亲昵地滑过沼泽与草甸，向每一个刚刚化冰的水洼和池塘问好。最后来到我们的沼泽上方，草草走过回旋探看的过场，平展开双翼，放下黑色的起落架，白色尾羽朝着远山，静静滑向池塘。刚一触碰到水面，我们的新客人就禁不住欢喜得鸣叫起来，水花飞溅，摇落了脆弱香蒲的最后一缕冬思。我们的大雁回家了！

每年这个时刻，我都希望自己是一只麝鼠，那就可以钻进沼泽深处看个痛快了。

当第一群大雁落下脚来，它们便开始争相大声邀请每一只过路的鸟儿，要不了几日，整片沼泽里便挤满了它们的伙伴。在我们的农场里，评估我们自己的春天有两个标准：松树生长的数目，大雁停留的数量。我们的最高纪录是六百四十二只大雁，出现在一九四六年的四月十一日。

和秋天时一样，我们的大雁每天造访玉米地，却不再是趁着黑夜偷偷来去——从早到晚，它们成群结队、吵吵嚷嚷地往来穿梭于玉米地里。每一次离开，都先要高声发表一番美食评论，每一次再来，动静甚至只会更大。一旦以此为家，雁群回来时就干脆连绕场盘旋的过场都省了。它们纷纷从天而降，犹如枫叶飘落一般，或左或右地倾斜着身子滑行，越来越低，伸展开双足投向下方欢迎的叫嚷。我猜，接下来的话题一定跟这一天的大餐有关。洒落田间的玉米粒在棉被般的白雪下藏了整整一冬，躲过了乌鸦、灰兔、田鼠和雉鸡的搜索，如今成了它们的美餐。

显而易见，大雁选中的玉米地都在从前的草原上。没有人知道，这种对于草原玉米的偏爱是否与营养价值有关，抑或只是体现了某种从草原时期便代代传承下来的古老传统。又或者，这只不过源自一个更加简单的事实：草原玉米地想要扩张。如果我能听懂大雁们每日来往玉米地前后那雷鸣般的讨论，也许很快就能明白它们偏爱草原的理由何在。可我听不懂，并且对此还相当满意：这就应该是个秘密。如果我们对大雁了如指掌，这世界该是多么无趣啊！

在这样对春季大雁日常规律的观察中，人们很容易留意到，孤雁总是飞得更多，叫得更频。人们也很容易为它们的鸣叫声涂抹上哀伤的色彩，进而直接得出结论：这些大雁若不是心碎的鳏夫，就必定是失去了孩子的母亲。经验丰富的鸟类学家却明白，这样主观臆断鸟儿的行为是危险的。在很长一段时间里，我努力在这个问题上保持开放的心态。

直到我的学生和我一起花了六年时间来观测鸟群中大雁的数量，之后，一束意外的光芒照亮了孤雁的秘密。数学分析发现，成员数为六或六的倍数的雁群被观察到的机会远比孤雁要大。也就是说，雁群是以家庭为单位的，也可能由多个家庭联合组成，而春季出现的孤雁很有可能正是我们最初常常想象的情形。它们是冬季狩猎的幸存者，失去了亲人，只能徒劳地寻觅。现在，我可以因那孤单的鸣叫而伤感，为它感到哀伤了。

冷冰冰的数字如此契合爱鸟者多愁善感的想象，这种情形并不常见。

四月的夜晚，天气已经暖和得可以在户外久坐了。我们喜欢聆听沼泽地里的雁群集会。在长长的沉默间隙里，你只能听到沙锥舒展翅膀的扑簌声，远处猫头鹰的叫声，或是某只多情骨顶鸡甜腻的咕咕声。然后，突然间，一声尖锐的雁鸣响起，立刻引发一阵混乱的和声。只听得翅膀拍打着水面，脚蹼翻滚着推动暗黑的"船头"猛冲，激烈论战的观众们纷纷叫嚷。到最后，某只大雁用它低沉的嗓音完成了总结陈词，嘈杂声渐渐平息，变成隐约可闻的闲谈絮语——这种声音在雁群中几乎从不断绝。再一次，我希望自己是一只麝鼠。

待到白头翁花盛开的时候，我们的大雁会议就越来越少，不等五月来临，沼泽就又只剩下了一片青草萋萋的湿地，只有红翅黑鹂和秧鸡偶尔为它带来几分生气。

讽刺的是，回顾历史，各大国直到一九四三年的开罗[31]才醒悟有关国家需要联合。全世界的大雁却早就懂得了这一点，每年三月，它们都用生命检视着这个基本真理。

　　一开始只是冰原的联合。接着便是三月暖流和全球雁群由南至北大迁徙的趋同。自更新世[32]以来，每一个三月，从中国海到西伯利亚草原，从幼发拉底河到伏尔加河，从尼罗河到摩尔曼克斯，从林肯郡到斯匹次卑尔根岛，大雁同声齐鸣。自更新世以来，每一个三月，从柯里塔克到拉布拉多，从马塔玛斯基特湖到昂加瓦湾，从马蹄湖到哈得孙湾，从埃弗里岛到巴芬岛，从狭长地带到麦肯齐河，从萨克拉门托到育空，大雁齐声欢歌。[33]

　　经由这雁群的国际往来，伊利诺伊州的玉米残粒穿越云层，被一路带往北极苔原，借着整个六月的极昼日照余温，孕育了沿途土地上所有的雏雁。食物交换阳光，冬日暖意填补夏日荒寂，在这一年一度的交易中，整个大陆都收到了额外的赠礼，那是来自三月泥泞之上阴郁天空的野性的诗。

四月　April

Come High Water
春水涌起

就像大川总是流经大的城市，春日的洪水有时也会将鄙陋的农场包围起来，道理并无不同。我们的农场是鄙陋的，所以若是在四月里去往农场，有时也会被困住。

当然，不见得是有意计算，但人们多少可以借助天气预报来判断北部的雪什么时候开始融化，估算出大概多少天后洪水就会袭击上游的城市。如果真能做到这样，人们必定就能赶在周日晚上回到城里，开始工作。然而不行。于是，漫延的洪水破坏了周一早晨的约会，它低喃的慰问是多么甜美啊！大雁巡视着一片又一片即将成为湖泊的玉米地，那雁鸣声是多么浑厚低沉。每隔一百码就有一只新的大雁拍打翅膀飞上天空，争抢那"人"字梯队里头雁的位置，好完成对这崭新水世界的晨间勘察。

大雁对洪水的着迷是不露声色的，如果不是熟悉它们平日里叽喳闲谈的人，很可能就会忽略过去。而鲤鱼的热忱就明显得多，一眼就能看得出来。当渐渐涌起的春水刚刚沾湿草根，它们便到了，像猪儿见到了牧草一般，无比激动地四处翻拱、满池打滚，红的尾，黄的肚，鳞光闪闪。它们急于探索这个扩张了的宇宙，游过马车道和牛道，向芦苇和灌木摇鳍问好。

既不同于大雁，也不像鲤鱼，陆栖鸟类和哺乳动物以哲学式的超然迎接洪水。一只主红雀立在河岸的黑桦枝头，对着业已不见的领地大声宣示主权——那儿如今只剩下几棵树木而已。一只披肩榛鸡在洪水淹没的树林里敲响了战鼓，它一定正站在自己最高的那棵振翅木[34]顶上。田鼠带着小型麝鼠的镇定自若涉水前往丘脊[35]。一头鹿蹿出果树林，被洪水将它从日常小憩的柳林卧室里赶了出来。兔子到处都是，冷静地接受了我们的山岗所提供的营房。虽说没有诺亚，可这山岗便是方舟。

春日大水带给我们的并不只有危险，它还带来了各种随水漂来的物件，都是从上游农场里卷来的，五花八门。一块旧舱板搁浅在我们的草地上，在我们眼里，它比木材厂里同样大小的新板子值钱两倍。每块旧舱板都拥有独属于自己的历史，常常不为人所知，但从木头的种类、尺寸和它上面的钉子、螺丝、油漆，从它是被精心护理还是欠缺维护，从它的磨损和腐朽情况里，你总能猜出点儿什么。看看它边缘和头尾在沙洲上的磨损情况，你甚至可以判断出，在过去那些年里它究竟经历过多少场洪水。

我们那成堆的杂物统统来自河里，这不只是独特的收藏，更是上游农场与森林里人类奋斗的诗集。老舱板的自传是一种文学，学校还没来得及教授。可每一个河岸农场都是一座图书馆，向所有抡锤拉锯者开放，任其取阅研读。春水来了，新书便也到了。

与世隔绝有许多种，程度各不相同。湖心的小岛是一种，可湖上有船，人们永远有机会登上岛来拜访你。云间的山峰是另一种，可大多数山上都有路，路上总会有行人。我不知道还有哪种隔绝能比春水的包围更彻底——大雁也不知道，哪怕它们见过的孤绝情形比我更多。

于是，我们坐在我们的小山上看大雁飞过，脚旁一株白头翁花刚刚开放。我注视着我们的路缓缓沉入水中，断定了（暗自欢喜着，却不露声色），至少在这一天里，进出的交通问题都只跟鲤鱼有关了。

Draba
葶苈

短短几周之内，葶苈，这最小的开花植物就将绽放，点点碎花遍布每一处沙地。

期待春天却鼻孔朝天的人永远看不到像葶苈这般渺小的东西。对春天绝望的人满眼沮丧地践踏其上，无知无觉。只有趴在泥地上寻找春天的人会发现它——发现它花蕊中的盎然春意。

对于温暖和舒适，葶苈需索很少，得到的也不多，简而又简——它所赖以生存的，不过是荒弃的一点点空地和时间。植物学著作里会分给它两三行描述，却从来没有一幅插画或照片。对于更大、更美的花儿来说，沙地太贫瘠，阳光太苍白，可对葶苈来说，这些已经够好了。归根结底，它终究不是春花，只是希望之信罢了。

葶苈无法拨动心弦。若说它还有着些微的香气，也消散在了阵阵疾风中。它花色素白。叶子上披着一层触摸可及的小茸毛。谁都不吃它——它太小了。没有诗句为它吟唱。某位植物学家给它起了个拉丁名字，跟着便抛诸脑后。总而言之，它毫无分量，只是一种小小的生物，迅速而出色地完成着它小小的工作。

Bur Oak
大果栎

当孩子们在校园里投票选择州鸟、州花或州木时，他们并非在做决定，只是在重证历史。从牧草第一次占据威斯康星州南部以来，这历史便成就了大果栎，让它成为这片地区特有的树木。唯有大果栎能经得起草原上的荒火而生存下来。

你是否曾经好奇，为什么它整棵树都包裹在厚厚的软木树皮里，哪怕最纤细的枝条也不例外？其实，软木树皮就是铠甲。大果栎是森林进军草原的先头部队，它们的对手便是火。每年四月，新草未生，草原还没有铺上难以燃烧的绿毯，大火在土地上肆意纵横，只有树皮厚到烧不透的老栎树能得以幸存。久经战场的"老兵们"零零落落地聚成一片片小树林，其中大多都是大果栎，拓荒者称之为"栎树开阔地"[36]。

并不是工程师发明了绝缘材料——他们只是从这些草原之战的老兵身上复制了它。植物学家能够读出那足足两万年战争的始末。历史一部分保存在泥炭里的花粉粒上，一部分保存在战后被遗忘之地里的孑遗植物上。记录显示出，森林的边界有时几乎退守至苏必利尔湖[37]边，有时又向南突进得很远。某一个时期里，它南进得如此之远，以至于云杉和其他"殿后部队"的物种都在威斯康星州南部边界扎下了根——这个区域的所有泥炭沼泽中都存有相当数量的云杉花粉。不过，在草原和森林的战争中，一直以来最常见的战场就在今天的战线上，战争的结果是平局。

形成如此战局的原因之一，在于一群反反复复的"双边盟军"，它们一会儿支持这边，一会儿又去支持另一边。就像兔子和老鼠，夏天里还在啃食草原上的草，冬天就在幸存于火灾的栎树苗上拦腰剥去树皮。松鼠秋天埋下橡子，其他时候却都以它们为食。六月甲虫[38]幼年时破坏草皮根部，长大了却害得栎树落叶。可是，若非这些左右摇摆的盟军和它们收获的胜果，我们就无法拥有如今地图上草地与森林拼嵌而成的、具有如此装饰性的华美"马赛克"了。

在那些尚无人烟的岁月里，乔纳森·卡弗[39]用文字为我们留下了一幅鲜明的草原边界图。一七六三年十月十日，他来到蓝色山丘[40]，那是戴恩县西南角的一处高大丘陵（如今已是树木繁茂）。他说：

我登上最高的山丘，四野一览无余。除了一些矮小的山头，若干英里之内别无他物，远远看去，它们好像尖顶的干草堆，一棵树也没有。只有三两片山核桃和低矮栎树组成的小树林覆盖着几个山谷。

直到十九世纪四十年代，一种新的动物——拓荒者——介入了草原之战。他驱逐了草原亘古以来的盟友，火。这并非有意为之，所做的也只是开垦出足够多的土地。栎树苗立刻集结成军，轻松占领了草地，从前的草原领地变成了林场。如果你对这个故事还心存疑虑，去威斯康星西南部随便哪个"山脊"林场里，随意选一个树桩子数数年轮吧。除了那些最老的"战士"，所有树木的诞生都指向十九世纪五十年代和六十年代，那正是大火从草原上消失的时候。

当新生树木占领古老的草原，幼树丛林吞噬栎树开阔地时，约翰·缪尔正在威斯康星的马凯特县慢慢长大。在《我的青少年生活》[41]中，他回忆道：

> 伊利诺伊和威斯康星草原上的肥沃土壤如出一辙，为荒火培育出了那般相似的茂密深草，以至于没有树木能够存活其间。若是大火不再，这些丰茂的草原，乡野里如此显著的特殊之处，就会被最浓密的森林覆盖。一旦栎树开阔地里有人入住，农夫开始防范荒火，幼仔（树根）便会成长为大树，汇集成高高的丛林，如此深密以至无法穿行，而阳光充足的（栎树）开阔地则将烟消云散，不留丝毫痕迹。

因此，一株大果栎老树的主人所拥有的远不止一棵树。他拥有的是一个历史悠久的图书馆，一个生态演化剧场中的预订座席。在慧眼看来，草原之战的徽章与标记就高挂在他的农场上。

Sky Dance
天空之舞

拥有我的农场之后又足足过了两年，我才知道，四五月间的每天傍晚，在我的树林上空都有天空之舞可以欣赏。自从发现这一点之后，我们一家人就再也不愿错过哪怕一场演出。

演出在四月第一个温暖黄昏的六点五十分准时拉开帷幕。每天推迟一分钟，直到六月一日，那一天的开场时间是七点五十分。这种推移完全缘自华丽效果的需要，舞者要求浪漫的光照度，不多不少，刚刚好0.05英尺烛光[42]。别迟到，安静坐下，免得它一怒飞走。

和开场时间一样，舞台与道具也体现了表演者性情上的需求。舞台一定得是林间或灌木丛中的圆形露天剧场，在剧场的正中心，一定得有一片青苔、一溜不毛沙地、一块光溜的凸起岩石，或是一条无遮无挡的小路。为什么雄丘鹬要如此执着于光秃秃的舞蹈场地？最初这个问题让我迷惑，如今想来，应该是腿的问题。丘鹬的腿很短，在稠密的草丛或杂草地上，它无法跳出那神气活现的舞步，也没法让它的姑娘看见。我的丘鹬比大多数农场主的都多，因为我有更多苔藓覆盖的沙地，它们太贫瘠了，连草都不长。

知道了时间和地点，你还得提早在舞台东面找一处矮树丛坐好，面对夕阳，等待着，翘首企盼丘鹬的到来。它会从某片临近的灌木丛中低飞而至，落在光秃秃的苔藓地上，开场曲立刻唱响，那是一连串古怪的汩汩喉音，两声一顿，听起来很像夏天里的夜鹰叫声。

突然间，汩汩声消失了，那鸟儿鼓动双翅，绕着大圈盘旋而上，发出悦耳的啁啾鸣叫。它越飞越高，盘旋轨迹渐陡渐狭，鸣叫声越来越大，直到舞者化作了天空中的一粒小黑点。然后，毫无征兆地，它如同失控的飞机般翻滚直坠，发出温软如水的轻颤啭啼，就连三月的蓝鸲都会羡慕这声音。直到距离地面不过数尺时，方才拉平身体，稳稳回到之前唱出汩汩喉音时的地面，多数时候都不偏不倚，正落在演出开始的那个点，再次唱起它的汩汩喉音。

很快，天就会黑得分辨不出地面的鸟儿，但在整整一个小时之内，你都能欣赏它拍击长空的姿态，这刚好是正常演出的时长。不过，时不时地，在明朗的月夜里，演出也会伴随着月光一直持续下去。

破晓时分，整场演出将重来一次。四月的最初落幕时间是五点十五分，之后每天提前两分钟，直到六月来临，一整年的演出也将在那一天的三点十五分画下句号。为什么时间变化不一样？唉，只怕就连浪漫也是会疲倦的，毕竟，当它停止空中的舞蹈时，光亮才刚到黄昏开幕曲时的五分之一。

无论多么专注地研究过上百场林间草地上的小小剧目，人们也永远无法洞悉哪怕任意一场表演中的所有显著要素，这是一种幸运。关于天空之舞，我至今没想明白的是：那位"女士"在哪里，如果真有位"女士"的话，她在其中扮演的是什么角色？我常常在开幕曲的场地上看到两只丘鹬，有时它们会一起飞，却从不泪泪合鸣。第二只鸟儿是雌鸟，还是竞争者呢？

另一个未解之谜在于：那啁啾声究竟是鸟儿的歌声，还是出自某种外在的机械运动？我的朋友比尔·菲尼曾经网住一只泪泪鸣叫的鸟，去除了它翅膀最外圈的飞羽，自那之后，这只鸟儿仍然还能发出泪泪的喉音与轻颤的啭啼，啁啾声却再也不曾出现。只凭这样一次的经验很难得出结论。

还有一个未解之谜：雄丘鹬的天空之舞究竟会持续到巢居的哪个阶段？我女儿有一次在距离鸟巢不到二十码的地方看到一只鸟儿正泪泪歌唱，巢里隐约有鸟蛋的影子，那可是它妻子的巢？还是说，这个鬼鬼祟祟的家伙其实是个从未被我们发现的重婚犯？这一些，连同许多其他的问题，仍是茫茫暮色下掩藏着的秘密。

天空之舞的剧目每晚在数以千百计的农场里上演，农场主人们长吁短叹地渴望着消遣，却误以为消遣只能在戏院里找到。他们生活在土地上，却不曾融入其中。

有人说，猎禽最大的用处就是作为狩猎的标靶，要么就是漂漂亮亮地摆在面包片上，然而，丘鹬正是活生生的反例。没有人会比我更喜欢在十月里打丘鹬了，可自从见识过天空之舞，我发现，只要收获一两只猎物就能让自己心满意足了。我得确保，当四月来临，日暮的夜空中不至于缺少舞者。

五月 May

Back from the Argentine

阿根廷归来

当蒲公英在威斯康星的草原上打下五月的印记，便是聆听春日最后一曲乐章的时候了。坐在草丛中，冲着天空支起耳朵，不理会草地鹨和红翅黑鹂的杂音干扰，很快你就能听到了，那是高原鹬的飞行之歌。它们刚刚自阿根廷归来。

如果你目力出众，不妨放眼天空去搜寻踪迹，它们颤动着双翅，在羊毛般的云团间盘绕前行。如果你的视力不大好，那就放弃这个尝试吧，只要盯紧篱笆桩子就好。很快，一道银光闪过，告诉你鹬鸟在哪里落了脚，收起了它长长的双翼。发明"优雅"这个词语的人一定曾经见过高原鹬收拢翅膀的模样。

它停在那里，从头到脚都在表达一个意思：你接下来该做的就是离开它的领地。政府记录上或许写着你拥有这片草地，可高原鹬才不在乎这些微不足道的法律事务。它刚刚飞行了四千英里，回来重申它那被印第安人授予的头衔。在幼鸟学会飞翔之前，这片草原都是它的，没有谁能够躲过它的抗议而擅自闯入。

就在附近的某个地方，雌高原鹬正在孵化四个大大的尖头蛋，很快它们就会变成四只小鸟。它们带着干爽的绒毛破壳，一落地便在草间蹦蹦跳跳，像是踩着高跷的田鼠，轻轻巧巧就能躲过你笨拙的追捕。等到第三十天时，幼鸟完全长大了——绝没有第二种飞禽能够长得这么快。年轻的高原鹬赶在八月到来之前从飞行学校毕业，你能在凉爽的八月夜里听到嗖嗖的信号，那是它们正展翅飞向南美大草原，准备再一次证明，美洲大陆自古以来便是一体。南北半球的联合在政客堆儿里是新鲜事儿，在这些身披羽毛的空军中却不是。

高原鹬轻松适应了这个农乡。如今，黑白花纹的"野牛"[43]在它的草原上吃草，它观察着它们，判断这些棕色野牛的继任者是可以接受的。除了草原，它也会选择在干草地上筑窝，却从不会像笨手笨脚的雉鸡一样受困于割草机。不必等到草黄待割，年轻一代便已振翅远飞。在农乡，高原鹬只有两个真正的敌人：冲蚀沟和排水渠。或许有一天，我们会发现沟渠也是我们的敌人。

二十世纪初时，曾有过一段日子，威斯康星的农场差点儿失去了它们亘古流传的计时器，那时候，五月的草原默默变绿，八月的夜空里不再响起秋天将至的讯号。枪支火药的普及，加上后维多利亚时代宴席上鹬肉吐司的诱惑，带来了太大的伤害。联邦候鸟法令[44]姗姗来迟，但总算及时赶到。

六月 June

The Alder Fork – A Fishing Idyl
桤木汊——飞钓之歌

我们发现，主河道的水位如此低，就连斑腹矶鹬都能在往年的鳟鱼潭里闲庭信步；河水如此暖，哪怕一头扎进最深的水窝也不会激得人惊叫。甚至只是游了个泳凉快一下，高筒胶鞋就被晒得滚烫，活像烈日下的焦油毡。

不出所料，傍晚的垂钓令人失望。我们来这条河是为了钓鳟鱼，它却给我们白鲢鱼。那一晚，我们坐在驱蚊火堆旁讨论第二天的安排。我们冒着暑热走过了两百英里尘土飞扬的路，只为美洲红点鳟或彩虹鳟鱼幡然醒悟时的猛烈挣扎。可这里没有鳟鱼。

就在这时，我们想起来了，这条河有好些岔流。在上游靠近水源的地方，我们曾经看到过一条支流，又窄又深，桤木岸墙严丝合缝，沁凉的泉水自岸脚汩汩冒出，注入河中。这样的天气里，一条富有自尊心的鳟鱼会怎么做？当然是和我们的选择一样：往上游去。

早晨的清新让成百只白喉带鹀也齐齐忘却了凉爽芬芳即将不再，我爬下还凝着晨露的河岸，走进桤木汊。一条鳟鱼刚好在上游浮出水面。我抽出渔线——但愿它能一直这么柔软干燥——虚抛了一两次来测量距离，在它最后留下的涟漪上方恰恰一英尺处投下一只筋疲力尽的饵虫。这一刻，炎热的路程、成群的蚊子、丢脸的白鲢鱼统统被抛在脑后。它大门吞下鱼饵，很快，我就听到了它拍打鱼篓底里潮湿桤木叶子的声音。

就在这时，另一条鱼出现在旁边的水面上，它更大，可那地方却是地道的"水路尽头"，因为再上去便是密不透风的桤树林方阵了。河心的涌流里，一株灌木不出声地偷偷笑个没完，直笑得浑身发抖，像是在嘲弄着，无论诸神还是人类，无论投出的是真饵还是假蝇[45]，都没法越过它最远端的那片叶子，哪怕只是一英寸。

我在河心岩石上坐了一支烟的工夫，看着我的鳟鱼出现在它的灌木卫士脚下，顺便把钓竿和渔线挂在向阳河岸的桤木枝上晒干。然后，稳妥起见，又等了会儿。上面那片水面太平静了。只要一阵微风吹来，立刻能荡起瞬间的涟漪，这样更好，我必须抓住时机，瞄准水面中心投出完美的致命一击。

它会来的。只要一阵清风，只要它能将褐色粉蛾从那偷笑的桤木上吹落，投到水面上。

现在，准备！卷起晒干的渔线，站在河心，钓竿马上就位。它来了——山坡上的杨树一阵轻颤，我抛出半截渔线，嗖嗖地来回甩动着，只待风至就趁势直击那水面。放出的渔线不能超过一半，要小心！这会儿太阳已经高挂半空，水面上任何闪烁的光影都可能向我的猎物发出警告，提醒它即将降临的命运。就是现在！最后三码也放出去了，飞蝇优雅地落在偷笑的桤木脚下——它咬钩了！我站稳脚跟，努力把它拉出彼端的丛林。它向下游冲去。几分钟后，它也在我的鱼篓里扑腾开了。

我欢喜地坐在我的岩石上，一边等待渔线再次晾干，一边沉思，想着鳟鱼的为"人"之道。我们和鱼是多么相似啊：准备着，甚或渴望着，追逐周遭的风吹落在时间长河上的任何新鲜东西！我们又是如何为自己的草率而懊恼，醒悟小小的镏金诱惑下原来暗藏着钓钩。即便如此，我还是相信，渴望总还是有某些好处，无论它瞄向的目标是真实抑或虚妄。一个绝对谨慎的人会是怎样的毫无趣味啊，鳟鱼亦如是，世界亦如是！我刚刚是不是说过为了"稳妥起见"要再等等？那是另一回事。钓鱼者唯一需要谨慎从事的，就是为下一次机会（或是更长远的打算）做好准备。

时间差不多了，它们很快就会不再浮上水面。我蹚着齐腰深的水走向航路之端，无所顾忌地将头探进那摇动的桤木间查看。那还真是丛林！前方是个墨黑的穴，浓荫如盖，在那急流深渊之上，你连一株蕨草都无法摇动，更别说钓竿了。就在那里，一条肚皮几乎贴到黝黑堤岸的硕大鳟鱼懒洋洋地摇摆着，正吞下一只过路的小虫。

即便是最不起眼的小虫也没法靠近它。可是，就在二十码外，我看见了上游水面上闪耀的明亮阳光——那是另一片开阔的水面。放只假蝇顺流而下？不好办，但必须这么做。

我退回来爬上河岸，穿行过近一人高的凤仙花和荨麻，绕开桤木林，向上游的开阔水面走去。唯恐搅扰了这位陛下的沐浴，我拿出猫一般的谨慎，步入水中，又站定等了五分钟，静待一切平静下来。同时抽出三十英尺渔线，上油，晾干，绕在我的左手上。这刚好是我到那丛林门户的距离。

到冒险的时候了！我冲着假蝇猛吹一口气，最后一次让它蓬松起来，将它送进脚下的水流中，紧接着便飞快地一圈一圈放开渔线。然后，就在渔线笔直向前，假蝇被吸入丛林的那一刻，我快步走向下游，双眼紧盯着那幽深洞穴，想要看清鱼饵的命运。偶尔透入的点点阳光下，一两道反光倏忽闪过，清楚显示着它仍在漂浮。它绕了个弯。很快，不等我脚下激起的水流暴露形迹，它便抵达了黑潭。与其说是看见，不如说我听见了那条大鳟鱼疾冲的声响。我艰难地站定，与它激战起来。

谨慎的人不会这样做，冒着浪费价值一美元的飞蝇与钓钩的风险，穿过好似巨型牙刷般的桤木林，从上游放钩钓一条鳟鱼，更别说河流在中途还转了个弯。但是，就像我说的，谨慎的人不会是钓鱼者。一点一点地，我小心翼翼地应对，鱼被拉到了开阔的水面，最后抵达鱼篓。

现在我该向你坦白了，这三条鳟鱼没有一条需要身首分离或是对折起来才能装进盒子的。重要的不是鳟鱼，而是那冒险的可能。被装满的不是鱼篓，而是我的记忆。和白喉带鹀一样，我也已经忘记，一切都可能重来，唯独河汉的清晨不再。

七月 July

Great Possessions
率土之富

在县书记官的记录里，一百二十英亩，这就是我所拥有的土地面积。书记官是个贪睡的家伙，从来不会在早上九点之前翻开他的记录簿。而土地在破晓时分的模样，才是本篇的主题。

无论在册还是不在册，我的狗和我本人都认可，破晓时分，凡我足迹所到之处，我就是唯一的领主。不但边界线消失不见，就连所思所想也没有了束缚。每一个黎明都熟知契约或地图所不曾知晓的广袤，至于荒寂这种人们以为在这个县里早已不存的东西，却每每随着露珠蔓延至四面八方，无远弗届。

和别的大地主一样，我也有租客。它们不理会房租，倒是非常在意主权。事实上，从四月到七月，每天凌晨它们都会向彼此宣示各自的疆域边界，同时对我致意道谢——至少想来是这样的。

与你想象的不同，这每日仪式的开启自有其需要恪守的礼仪。我不知道最初是谁制定了这套规范。凌晨三点三十分，端起我在七月清晨能够拿出的所有尊严，我走出小屋房门，两手执着我的权杖——咖啡壶和笔记本。面对着晨星的白色背影，我在长凳上安顿好。把咖啡壶放在身旁，从我的衬衫胸前掏出杯子，但愿没人注意到这不体面的携带方式。我拿出表，倒好咖啡，把本子摊开在膝头。这是仪式开启的前奏。

三点三十五分，最近的田雀鹀开口了，嗓音高亢清亮，宣布它保留短叶松林的所有权，北至河岸，南到老马车道。一只接着一只，听力范围之内的所有田雀鹀一一重申它们各自的领地。至少这一刻没有纠纷，所以我只是听着，真心希望它们的女伴能满足于当下这愉快的情形。

不等田雀鹀全部说完，大榆树上的旅鸫就高声唱出了它的要求：曾被冰雹打断的那个分权归它所有，包括相关的附属资产（对它来说，就是下方那片算不得开阔的草地里所有的蚯蚓）。

旅鸫急切的欢唱唤醒了拟鹂，现在，后者正在陈述它的国境范围：榆树的垂枝全都归它所有，外加旁边多纤维的马利筋草秆、花园里一切柔软的卷须，以及如火焰般穿梭往来其间的特权。

我的表显示已经是三点五十分了。山坡上的靛彩鹀开始维护它对于一九三六年那场干旱遗留下的栎树枯干和周边各种昆虫灌木的权利。它并没有提出要求，不过我猜这是在暗示，它有权比所有蓝鸲、所有准备好迎接黎明的紫鸭跖草都蓝得更加耀眼。

紧接着亮嗓的是莺鹪鹩，是它发现了屋檐下的节孔。另外还有半打莺鹪鹩为它发声助阵，这一下，整个乱成了一团。斑翅雀、嘲鸫、黄林莺、蓝鸲、莺雀、唧鹀、主红雀统统登场。我是严格依照演出者的出场顺序和时间来记录名单的，这会儿却为难了，犹豫着无法落笔，最后不得不放弃。因为我的耳朵再也分辨不出谁先谁后。再说，咖啡壶也空了，太阳即将升起。趁着权利还没消失，我得巡视我的领地去了。

我们动身了——狗和我。它对眼前的声乐大杂烩不感兴趣，对它来说，租户的踪迹不在于歌声，而在于气味。如果让它说的话，只怕是任何一把愚昧的羽毛都能在树梢叽喳发声。现在，它要将嗅觉的诗句解释给我听，那是不知什么沉默的生物在夏夜里书写的。每首诗的最末一行下面都蹲着那位创作者——如果能找得到它的话。我们找到的比预料的多：一只兔子，突然间开始向往他乡；一只丘鹬，忙慌慌地拍着翅膀弃权；一只公雉鸡，正为羽毛被草地打湿而愤愤不已。

偶尔，我们会遇见刚由夜袭中姗姗晚归的浣熊或貂。有时，我们会打断大蓝鹭的捕鱼行动，又或者惊扰到某位林鸳鸯妈妈，它正护送孩子们全速奔往雨久花的荫庇。有时会看到鹿，装了满肚子的苜蓿花、婆婆纳和野莴苣，漫步回小树林去。更多的时候，我们只能看到交织错杂的黑色印痕，那是懒洋洋的蹄子在丝缎般的晨露上留下的。

现在我能感觉到太阳了。鸟儿合唱团的歌声已经零落。远远的牛铃叮当宣告牛群正走向草原。拖拉机的吼叫提醒我们，邻居起床了。世界缩小了，不大不小，刚好是书记官簿子上的规模。我们转身回家，去吃早餐。

Prairie Birthday
草原生日会

从四月直到九月，平均每周有十种野生植物初吐芳菲。六月时，一天里就能有十二种植物绽开花蕾。没有人能尽览这些一年一度的生日会，也没有人能彻底忽视它们。目不斜视踏过五月蒲公英的人，或许会为了八月的豚草花粉短暂驻足；不曾留意四月榆树轻红浅雾的人，也可能因六月梓树坠落的花瓣而踩下刹车。只要知道一个人会留意哪种植物的花期，我就能详详细细地说出他的职业、爱好，他对哪种花粉过敏，乃至于他大致的生态知识水准。

每到七月，我都会将热切的目光投向一个乡间墓园——每次往返我的农场都要经过它。又一个草原生日会到了，那曾经是草原上的头等大事。就在这墓园的一角里，还有一位幸存者曾躬逢其盛。

这只是个寻常的墓园，周围种着寻常的云杉，园里排列着寻常的粉红花岗岩或白色大理石墓碑，每座碑前点缀着寻常的红色或粉色天竺葵的礼拜日花束。唯一不同寻常的，是它被修成了三角形而非四方形，自从十九世纪四十年代墓园建成，围墙内的锐角里就存下了针尖般袖珍的一片原生草原。到目前为止，还不曾有镰刀或割草机探进这一码见方的威斯康星原始遗址，每年七月，足有一人高的罗盘草——或者叫切叶松香草——便在这里开出鲜花，茶碟大小的黄色花朵好似向日葵般光彩闪亮。整条公路沿线上，这里便是这个物种最后的存在了。也许是整个县西半部最后的存在。当北美野牛还因它们而鼓腹满足时，那绵延上千英亩的切叶松香草是怎样一幅景象？再也没有人能够回答，甚至可能根本无人问起。

这一年，我发现切叶松香草在七月二十四日才开出第一朵花，比平常晚了一周——过去六年里，这个日子基本都在七月十五日前后。

等到我八月三日再次经过墓园时，围栏被筑路工人拆掉了，切叶松香草被割去了。那么，很容易就能预见未来：几年之内，我的切叶松香草将徒劳地在割草机下挣扎生长，然后死去。草原时代也将同时逝去。

路政部门说，每年夏天的三个月里，都有十万辆车从这条路线上经过。那恰好是切叶松香草开花的时候。其中至少十万人上过所谓的历史课，或许还有两万五千人上过所谓的植物学课程。可我怀疑是否能有十个人曾看见切叶松香草。至于留意到它的消失的，大概一个也不会有。如果我对旁边教堂的牧师说，筑路工人在他的墓地里以除草为名烧毁了史书，他一定惊诧莫名，完全无法理解。杂草怎么会是书呢？

这不过是本土植物葬礼中的一个小小片段，换句话说，也是世界植物葬礼中的小小片段。机械化的人类看不到植物，只想着要把风景扫除干净，为这"事业"的点滴进展而骄傲。无论情愿还是不情愿，人们都得在土地上终老。也许立刻停止教授任何真正的植物学和真正的历史才是明智之举，免得将来有居民意识到他的舒适生活是付出了怎样的植物代价才换得的，为之痛苦不安。

如此一来，现实就变成了这般模样：农场区越好，植物越少。我之所以选中我的农场，就因为它不够好，也没有公路经过——准确来说，它所在的整片区域都是"发展长河"中的回流地带。我的道路是拓荒者最初行走的马车道，没筑路基，没铺碎石，不曾碾压平整，也不曾劳烦过推土机。我的邻居们让县书记官叹息不已。他们的篱笆多少年也不修整。他们的沼泽既不筑堤也不排水。要说在钓鱼和发展之间选择，他们倒更喜欢钓鱼。因此，每到周末，我的植物生活便以这偏远荒地为中心，至于工作日里，只好尽可能靠大学农场、校园草地和近郊过日子了。纯粹是为了消遣，我记录下了过去十年来两种环境下野生植物每年首次开花的数据：

植物首次开花时间	植物数量	
	近郊与校园	偏远农场
四月	14	26
五月	29	59
六月	43	70
七月	25	56
八月	9	14
九月	0	1
合 计	120	226

显然，就视觉盛宴的规模而言，偏远地区的农民能享受到的几乎是大学生或商务人士的两倍。当然，他们暂时还都没能学会欣赏他们的植物，所以我们不得不面对此前提到的两难困境：是继续保持大众的无知，还是审视问题，探究我们为何不能兼顾发展与植物。

植物减少是无杂草农场、林地畜牧和高质量道路等需求共同导致的结果。当然，这些改变都是必要的，其中任何一项都需要更多地压缩野生植物的生存面积，但没有哪一项会需要或受益于所有农田、城镇或郡县里物种的消失。每片农场上都有星星点点的荒地，每条公路旁都留出了镶边的空白地带，只要让奶牛、犁和割草机远离这些空地，所有的本地植物和一打又一打有趣的外来偷渡者就能成为每一位居民身边日常环境中的组成部分。

　　相当讽刺的是，就连出类拔萃的草原植物保护者也对如下琐事知之甚少且毫不在意：铁路和它的防护栏享有优先权。许多铁路防护栏早在草原开垦之前就竖起来了。这些长长的保护区全然无视炭灰煤渣和每年一次的清障火苗，草原植被仍旧依照它的色彩日历变换着模样，从五月的粉红流星花到十月的蓝色紫菀，次第绽放。我一直想当面向无情的铁路大亨呈上他仁慈心肠的物证。没能付诸实施，是因为我还一个都没见到过。

　　铁路当然会用火焰喷射器和化学喷剂来清除轨道上的杂草，可若是扩展到铁轨以外的区域，这种必要清理的成本还是太高。或许更有效的解决方法就要出现了。

　　我们只为熟知的人与事哀伤。如果有人只是在植物书中读到过切叶松香草的名字，就绝不会为它在戴恩县西部的消亡生出任何忧伤。

　　对我来说，切叶松香草第一次有了独特的意义，是在我打算挖掘一株移植到农场里时。和挖栎树苗一样，当我挥汗如雨地干了半个小时之后，它的根须还在延伸，就像一棵竖着长的红薯。就我所知，那株切叶松香草一直探到了基岩[46]上。我没能挖出切叶松香草，但从它那精心构筑的庞大地下结构里，我明白了它是怎样挨过草原大旱的。

退而求其次，我种下了松香草籽，这种子又大又结实，吃起来有些像葵瓜子。它们长得很快，可在接下来五年的等待里，幼苗仍旧是幼苗，连一根花茎都没抽出来。或许，对于一株切叶松香草来说，得等上十年才到开花的年纪。那么，墓园里我深深喜爱的那些得有多老了呢？墓园里最古老的墓碑可以追溯到一八五〇年，它们可能更加年长。它们也许目睹过战败的黑鹰[47]如何从麦迪逊的湖岸退到威斯康星河——毕竟，它们就站立在那场著名战役的行军路线上。它们也必定目睹过一场场的葬礼，看着一个个本地拓荒者停止劳作，安眠在蓝色须芒草下。

有一次，我亲眼见到开挖路沟的挖土机齐根切断了一株切叶松香草。那"红薯"上很快发出新叶，甚至还长出了一根花茎。这就解释了，为什么这种从不入侵新垦农田的植物却不时会出现在刚刚修筑的路边。一旦扎根，它们似乎便能够抵挡几乎任何形式的损伤，除了不间断的放牧、刈割，或翻耕。

那么，为什么切叶松香草无法在牧区生存？我曾见过一名农夫把牛群赶到处女地上放牧，此前那里只是偶尔有人来割割野干草。牛群把切叶松香草啃了个干干净净，看上去几乎完全没碰其他植物。可以想象，曾经的野牛也同样偏爱切叶松香草，可那时候它们不必被困在围栏里，整个夏天只盯着一片草地啃。简单地说，野牛的啃食不是持续的，所以切叶松香草还能承受。

成千上万种植物与动物殊死厮杀，造就了今天的世界。天意慈悲，不曾赋予它们历史的使命感。如今同样的天意也让我们懵然不觉。最后一头野牛离开威斯康星时几乎无人悲伤，当最后一株切叶松香草跟随前辈去往繁花绿草的世外乐土时，也不会有人悲伤。

八月 August

The Green Pasture
芳草鲜美

　　有些画作之所以出名，是因为它们存世够久，世世代代为人们所见，不管什么年代，总有那么几个懂得欣赏它们的人。

　　我知道一种画，它的存在如此短暂，以至于除了悠闲漫步的鹿之外，再没多少人见过。挥动画笔的是一条河，可还是这条河，不等我带着朋友们前来欣赏，就将它的作品从人类视野中永远抹去。从此以后，那画面就只存在于我的记忆里了。

　　和其他艺术家一样，我的河喜怒无常：你无法预知它什么时候会兴起挥毫，也不知道它的兴致能持续多久。不过，当仲夏来临，完美的好天气接连出现，朵朵白云如巨舰般巡行天际时，不妨散步到沙洲上，看看它是否开始工作了。

　　创作的第一步，是用淤泥在沙洲上轻轻刷出一条宽阔的滨水带。阳光一点点将它晒干，美洲金翅雀来到小水坑里沐浴，鹿、大蓝鹭、双领鸻、浣熊和乌龟用足迹为它织了一张罩网。在这个阶段，还说不好是否有下文。

可是，只要看到淤泥带被荸荠染上绿色，我就会密切关注后续发展，因为这是河流有了绘画灵感的信号。几乎是一夜之间，荸荠就变成了厚厚的草地，如此葱郁，如此浓密，附近高地上的田鼠再也无法抗拒这份诱惑。它们倾巢而出，来到这片绿色牧场，显然是整夜整夜地穿行在那深长及腹的柔滑草毯深处。利落清晰的鼠道迷宫展现着它们的热忱。鹿在其中徜徉漫步，无疑只是为了享受脚下舒适的感觉。就连向来不爱出门的鼹鼠也打了一条隧道，穿过沙洲干地直达荸荠地，在那里，它可以修筑起心目中理想的绿草堡垒。

这个阶段，绿毯下温暖潮湿的沙地里生机勃发，芽苗数不胜数，幼嫩得几乎无法分辨。

要欣赏画作，还得给河流留出三个星期的清静时光。然后，某个晴朗的清晨，趁着黎明的晨雾刚刚在阳光下消散时前往。到这时，画家已经调好了颜色，刚刚借着露珠涂抹完毕。荸荠草甸更绿了，幽蓝的沟酸浆、粉红的青兰、奶白的慈姑花点缀其上，熠熠生辉。红花半边莲遍地皆是，高举起鲜红的长矛直刺天空。沙洲头上，紫色的婆婆纳和淡粉的泽兰背靠排排垂柳昂然而立。如果你来得足够安静低调，拿出的是面对任何只此一次的美景时应有的态度，就可能惊喜地发现，一头狐红色的鹿正站在它那长草及膝的乐园中。

不必再回头去寻找那绿色草甸的美景，因为它将不复存在。或者是水位继续下降让它变得干涸，或者是水位上升抹去它的踪迹，沙洲总会回到它最初光秃秃的模样。然而，你可以将这属于自己的图画悬在脑海中，期望着，在未来的某个夏天，绘画灵感再度光临河流。

九月　September

The Choral Copse
灌木和鸣

到了九月，天光破晓已经基本不需要鸟儿的帮助。或许，歌带鹀会漫不经心地唱起独唱曲，丘鹬会一边叽喳叫着一边越过头顶飞向它的日间灌木林，横斑林鸮会发出一声迟疑的召唤结束整夜的争论。除此之外，就再没什么鸟儿会为之欢呼歌唱了。

在某些雾气弥漫的秋日凌晨，你可能会听到齿鹑的合唱，但不是每天都有。每当那时，足有一打的女低音再也无法抑制白日来临的喜悦，突然发声，划破了寂静。短短一两分钟之后，歌声便骤然停歇，一如它的开启。

神出鬼没的鸟儿在音乐上总有独到的过人之处。站在最高枝上的歌者最易见到，也最易忘掉，它们的才华实在平常。令人过耳难忘的，是不露行踪的隐夜鸫自浓黑阴影里流淌出的清亮和弦，是翱翔的鹤在云朵背后吹响的号角，是草原松鸡隐身弥漫浓雾中敲打出的隆隆鼓点，是齿鹑在肃穆黎明里吟唱的《万福玛利亚》[48]。从来没有博物学者曾亲眼见过这个合唱团的演出，因为团员都待在草间各自隐秘的居所里，任何试图靠近的举动都会让它们顷刻间销声匿迹。

若是六月里，只要天光有了0.01英尺烛光[49]的亮度，旅鸫就必定开始歌唱，其他歌者也必定紧接着次第登场，一派热闹。到了秋天便是另一番景象，旅鸫沉默了，至于合唱团的演出会在什么时候开场，完全无法预料。那些寂静早晨里向我袭来的失望或许是为了说明一个道理：怀抱希望比笃定在握更加珍贵。只是怀抱着欣赏齿鹑歌声的希望，就值得三番五次地摸黑起床。

每到秋天，我的农场总会拥有一支或更多的合唱团，但破晓的合唱多半只是远远传来。我猜这是因为团员们喜欢住得离狗儿越远越好——它对齿鹑的热情比我还高。然而，在一个十月的黎明，正当我坐在门外火堆旁啜饮着咖啡时，合唱响起了，距离我几乎不到一箭之遥。它们栖息在一小片北美乔松下，也许是不愿被浓重的夜露沁湿了羽毛。

我们为这几乎就在门槛边的黎明颂歌而骄傲。不知怎的，从此以后，树上那苍青的秋日松针似乎更加苍青，树下的悬钩子红毯也越发火红了。

十月 October

Smoky Gold

如烟之金

有两种打猎：寻常打猎和猎披肩榛鸡。

有两种猎榛鸡的地方：寻常地方和亚当斯县。

在亚当斯县有两种猎榛鸡的时候：寻常时候和落叶松变成如烟般金色的时候。这一篇是为那些不够幸运的猎手写的。他们从未有过那样的经历：呆立着，枪管空空，目瞪口呆，眼见金色松针簌簌洒落——那是毫发未伤的榛鸡如火箭般扎进短叶松丛时摇落的。

当初霜从北方带来丘鹬、狐色雀鹀和灯草鹀时，落叶松便由绿转黄。旅鸫成群结队，啄尽山茱萸上最后一批白色浆果，留下光秃枝干，宛如山坡上浮起的片片粉红轻雾。溪畔，桤木抖落一身绿叶，露出满眼冬青，这里一丛，那里一簇。树莓红得透亮，照亮你寻觅榛鸡的脚步。

若论起找榛鸡，狗儿比你更在行。最好是紧紧跟住它，留意那竖立的耳朵，细心解读微风传递给它的讯息。直到它停下脚步一动不动，眼睛一瞥，告诉你，"到了，准备好"。问题是，准备好做什么？迎接一只叽叽喳喳的丘鹬，还是渐高的榛鸡啼叫，又或许，只是兔子？这一刻的不确定正是猎榛鸡的最大乐趣所在。要是非得确切知道面对的是什么，就该去打雉鸡才对。

打猎之趣各有不同，差别处却很微妙。最甜美的狩猎都是"偷"来的。或是深入无人荒野，或是在众目睽睽下探得某个未知之地，"偷"来一场狩猎。

很少有猎手知道亚当斯县有榛鸡。当他们驶过这里，只看到一片荒芜的短叶松与矮栎。这是因为，公路虽然经过了一连串向西流淌的小溪，每一条小溪虽然都发源自沼地，可它们全都穿行在干旱的沙原上，直至汇入河道。自然，北行公路走过的便也都是这些不毛之地，看不到一片沼泽。殊不知，就在公路之外、连片的干燥灌木背后，所有的溪流源头汇成了宽阔的沼泽地带，那是实实在在的榛鸡乐土。就在这里，每当十月来临，我独自坐在我的落叶松间，听猎手们的车沿着公路呼啸而过，拼命奔向北方那些拥挤的乡野。一想到他们那摆动的车速仪、紧张的面孔、死死盯着北方地平线的热切双眼，我便忍不住暗自轻笑。在他们制造出的噪声中，一只雄榛鸡奏响了抗议的鼓点。留意到它的方位，我的狗露齿而笑。我们都认为这家伙需要些锻炼——这就去拜访它。

落叶松不单单生长在沼泽地里，也长在相邻高地的山脚下，泉水自那儿涌出。每个泉眼里外都青苔满布，连成一片沼泽般的台地（梯田），我称这些台地为"空中花园"。在那湿泥地上，缋裂龙胆托起蓝色的宝石，被落叶松笼上了一层金辉。这样一株十月的龙胆是值得停下来好好欣赏一番的，哪怕狗儿告诉你前方就有榛鸡出没。

每个空中花园都有一条满布青苔的鹿径通往溪畔，不但方便猎人走，活泼泼的榛鸡穿行起来也方便——只一闪便过了。问题只在于，鸟儿与枪弹能否在那短短一瞬相会。若是没有，下一头经过的鹿就该好奇地轻嗅一对空弹壳，却遍寻不见羽毛了。

在小溪更上游的地方，我偶然发现了一处荒废的农场。小短叶松侵入了老荒田，我试图根据它的年纪来推断，那不走运的农夫是到什么时候才意识到，这片沙原唯一想要孕育的不是玉米，而是荒凉。粗心的人会被短叶松骗过去，因为它们每年都不止长出一圈年轮，总得有好几圈。我找到一株堵在谷仓门前的小榆树，这个纪年就准多了。它的年轮指向了一九三〇年的大旱。那一年之后，就再也没有人出入谷仓取牛奶了。

当这个家庭负债累累，作物收成已不敷支出，人人心知肚明即将被逐出家园时，不知他们在想什么。就像飞过的榛鸡，思绪往往水过无痕。但终究还是有些痕迹历经数十年的时光留了下来。那个男人，在某个难忘的四月种下紫丁香，必定曾经想象过接下来每一个四月里繁花盛放的景象。那位妇人，在许多个星期一里渐渐磨平了洗衣板槽，或许曾希望所有的星期一都快快消失不见。

从这些问题中回过神来，我才注意到狗儿站在泉边，耐心指引着方向已经好一会儿了。我迈步上前，为自己的走神感到抱歉。头顶上，一只丘鹬叽喳叫着，好像蝙蝠一样，橙色胸膛沐浴在十月的阳光里。打猎继续。

在这样的日子里，很难专注于榛鸡身上，引人分心的东西太多了。沙地上有一道雄鹿的足迹，纯粹出于好奇我跟了下去。足迹由一丛美洲茶树[50]到另一丛，被咬断的嫩枝说明了一切。

这让我想起了自己的午餐。可还没来得及把它从包里拿出来，我就看见一只盘旋的鹰，它一飞冲天，正待辨认。我等待着，直到它绕了个弯，露出红色尾羽。

回到午餐上来。但我的目光随即触到了一棵树皮剥落的杨树。一头雄鹿曾在这里蹭去它发痒的茸皮。是多久以前的事呢？裸露的树干已经变成了棕褐色，我猜那些鹿角如今应该长成了。

再次回到午餐上。狗儿兴奋的叫声打断了我，沼泽地矮树丛中发出一声响。一头雄鹿蹿了出来，尾巴高高竖起，鹿角闪亮，毛皮幽蓝顺滑。是了，白杨没有说谎。

这一次，我终于将午餐拿了出来，坐下开吃。一只黑顶山雀看着我，对自己的午餐更满意了。它没说吃的什么，也许是冰冷肿胀的蚂蚁卵，也许是某种鸟儿的大餐，类似我们的烤榛鸡冷餐。

吃过午饭，我注视着一片落叶松幼林，它们金色的枝条指向天空。每一棵树下，昨日洒落的松针铺成了如烟般的金色地毯；每一株树梢上，明日的嫩芽已蓄势待发，静候下一个春天来临。

Too Early
太早

起得太早是雕鸮、星星、雁和货运火车的坏毛病。猎人为了猎雁而早起，咖啡壶为了猎人而早起。奇怪之处在于，必须在某些时候早起的生物如此多，偏偏只有这寥寥几种与众不同，它们本可以选择最愉悦最悠闲的时刻。

猎户座一定是"太早起"一族的开山祖师，因为太早发出起床令的就是它。那个时候，它不过刚刚越过天顶，向西走出的距离还只相当于狩猎鸭子的射程。

早起者彼此相处都很自在，也许是因为它们与晚起者不同，天生就不爱夸耀自己的成就。猎户座，旅行得最远却从未诉诸只言片语。咖啡壶，从第一声轻柔的咕嘟过后就不再炫示腹中鼎沸之物的出色。雕鸮，用它的三段式评注淡化了午夜凶案的故事。沙洲上的雁，为了在某场关乎雁群的无声辩论中提出程序质询而短暂列席，却没有留下与远山大洋代表交谈的一丝暗示。

我承认，货运火车不太讳言自己的重要性，尽管如此，它仍然不乏某种谦逊之德：它的眼睛只专注于自己轰隆作响的工作，从不会冲着别人的营地大喊大叫。货运火车的这种专心致志让我深深感到心安。

太早走进沼泽是一场纯然的听觉探险，耳朵在夜之声响中任意漫游，没有任何来自双手或眼睛的阻碍。当听到绿头鸭兴致勃勃地喝起汤来，你可以随心所欲地勾勒出一幅浮萍下的饕餮宴饮图。当某只绿眉鸭发出尖叫，你可以自由想象一支空中舰队，不必担心眼睛的反驳。然而，当一群冲向池塘的斑背潜鸭以长长的俯冲撕开天堂的黑绸时，你屏住呼吸等待声音响起，结果却只见星光闪闪，再无其他。换作白天，同样的表演会引来围观、瞄准和一枪放空后匆忙寻找的遮掩托词。但此时，是你的心灵之眼捕捉到了画面，翅膀扑闪，灵巧地将苍穹一分为二。白天的光亮对此毫无裨益。

待到飞鸟轻轻拍着双翅出发，前往更广阔、更安全的水域时，灰白的东方天幕下掠过片片模糊的影子，听觉时光结束了。

和许多其他公约一样，黎明前的协定只在令傲慢低头的黑暗中有效。看起来，太阳似乎应当对白日里普天下消失的沉默负责。不管怎么说，当白色迷雾笼罩低地时，每只公鸡都开始肆无忌惮地自吹自擂，每束玉米秆都假装比从前所有的玉米高出了一倍。当太阳升起，每只松鼠都想象自己遭到了侮辱，夸大其词地喋喋不休；每羽松鸦都设想它在这一刻"发现"了社会公害，虚张声势地发表着公告。远处的乌鸦正在斥责一只虚幻的猫头鹰，只为了告诉世界，乌鸦是多么警惕；一只雄雉鸡大概正沉浸在过往的风流韵事中，空拍着翅膀，粗声昭告天下，它拥有这片沼泽和沼泽里所有的雌雉鸡。

所有这些庄严的幻想并不仅限于鸟兽。早餐时间到了，喇叭、号角、呼喊和口哨声在醒来的农场里响成一片，直到最后，夜幕降临，老旧的收音机发出沙沙的声响。再之后，人们上床睡觉，重修夜的课程。

Red Lanterns

红灯笼

要猎灰山鹑，一种方法是制订好计划，基于逻辑和概率，就狩猎地形加以考察。这能让你对鸟儿可能出没的地点心中有数。

另一种方法，是漫无目的地信步而行，从一提红灯笼走向另一提红灯笼。这多半能把你带到鸟儿真正在的地方。这些灯笼是黑莓的叶，在十月的阳光下火红着。

红灯笼曾在许多地方为我照路，让我得以愉快地打猎。但我想，黑莓最初必定是在威斯康星中部的沙乡学会绽放光亮的。自家土地上少有灯笼闪亮的人称它们为"贫瘠"，就在这些友善的荒地上，从初霜到季末，所有晴朗的日子里，黑莓都在多泽的溪流边绽出如火的艳红。在这荆棘下，每一只丘鹬与每一只灰山鹑都拥有一处私家日光浴场。大部分猎手对此一无所知，徒然在不生荆棘的矮树丛间耗尽精力，两手空空而返，留下我们独享宁静。

我说的"我们"，是禽鸟、溪流、狗和我自己。溪流是个懒家伙，迂回曲折地在桤木之间绕来绕去，像是更愿意留在原地而非奔向河川。我也一样。它每一个踌躇的发卡弯都意味着更多的溪岸，在那里，半坡上的荆棘紧邻潮湿土地上的冰冷蕨类和低处泥泽里的凤仙花。没有灰山鹑能长时间远离这样的地方，我也不能。所以，猎灰山鹑就是一场溪畔的漫步，逆风而行，由一丛荆棘走向另一丛荆棘。

靠近荆棘丛时，狗儿环顾四周，确认我就待在射程之内。

然后，它才小心翼翼地上前，伸出濡湿的鼻头在上百种味道中寻觅着那独有的一种，正是这份似有若无的存在让整片风景有了生机与意义。狗儿是空气的勘探者，永远都在层层空气中寻找气味的金矿。灰山鹑的气味便是将它的世界与我的世界相连的金本位。

顺便说一句，我的狗认为，在灰山鹑以及成为专业的自然学者方面，我还有许多东西需要学习。我同意。它孜孜不倦地教导我，以逻辑学教授的冷静耐心和训练有素的鼻子讲解演绎法之奥妙。我喜欢看它从种种痕迹中抽丝剥茧推导出结论来指点我，那些痕迹在它看来显而易见，可轮到我时，就算看见了也还得猜测思索。也许，它希望它愚笨的学生有一天能学会闻气味。

和其他愚笨的学生一样，我知道教授什么时候是对的，尽管不清楚原因何在。我检查过手中的猎枪，跟上前去。和任何优秀的教授一样，狗儿从来不会嘲笑我的失误，哪怕失误时常发生。它只是看我一眼，转头继续溯溪而上，去寻找下一只灰山鹑。

沿着这些溪岸，人行走在两道风景之间：人狩猎的山坡，狗狩猎的溪脚。踩着松软干燥的石松地毯将鸟儿从沼泽中赶出，这之中有种特别的魔力。而判断一条狗儿能不能胜任山鹑猎狗的角色，第一标准就是看，当你走在干燥河岸上时，它是否愿意承担起湿漉漉的工作，与你并肩前行。

特殊的状况会出现在宽阔的桤木地带：狗儿不见了。那就赶紧爬上一个小山头或高处，静静站定，竖起耳朵，睁大眼睛，去追逐狗儿的踪迹。一群突然惊起的白喉带鹀会透露它的行踪。此外，你可能听到它踩断了细枝，或是踏进小水坑溅起了水花，又或者跳进了小溪里。不过，当所有声音都消失时，就该做好应急准备了，因为它很可能已经发现了目标。现在，留意受惊山鹬的嘎嘎啼叫，这是它马上要振翅冲出的前奏。紧跟着出现的便是那疾飞的鸟，也许是两只，我知道最多有过六只，嘎嘎叫着慌忙冲出，一只跟着一只，每一只都冲天而起，飞向高地上各自的目的地。是否会有某只落到你的射程内，这当然是个运气问题，但如果来得及，你也可以算一算概率：用三十或任何你的猎枪所能覆盖的角度去除三百六十度，考虑到打偏的可能，再除三或四，最后得到的便是真正将那飞鸟装进猎装口袋的概率。

评判山鹬猎狗是否优秀的第二条标准是，在这样一幕过后，它是否前来向你报到，等待指令。坐下来，和它聊一会儿，等它缓过气来。然后开始寻找下一串红灯笼，狩猎继续。

十月的轻风为我的狗送来了许多不同于灰山鹬的其他气息，每一种都可能引向它独有的篇章。当狗儿多少有些滑稽地用耳朵来示意目标时，我就知道，它发现了一只居家的兔子。有一次，它极其严肃地给出了指示，结果却并没有鸟，可狗儿仍旧一动不动地站着。原来，就在它鼻子下的莎草丛中正睡着一只肥浣熊，享受着属于它的十月阳光。每次狩猎，狗儿都至少能有一次堵住臭鼬汪汪大叫，那通常都是发生在某些格外浓密的黑莓灌木丛里。还有一次，狗儿瞄准了溪心，上游却传来翅膀的扑簌声，伴随着三声美妙的啭啼，告诉我，它打扰了一只林鸳鸯的晚餐。在草深叶密的桤树林里发现姬鹬也算不得什么稀罕事。最后，它还可能惊扰一头正在桤木沼泽边的溪岸高处消磨长日的鹿。这头鹿是对如歌般的潺潺流水有某种诗意的偏好？还是它实在中意这无人能悄然接近的卧房？从那愤怒摇晃的大白尾巴看来，都有可能，也许是兼而有之。

从一挂红灯笼到另一挂红灯笼之间，什么事都可能发生。

当灰山鹑狩猎季最后一天的太阳落下，所有黑莓也燃尽了它的光亮。我不知道，小小的灌木究竟是如何做到这样分毫不差地响应威斯康星州法案的，我也从未在次日返回去寻找答案。因为，在接下来的十一个月里，红灯笼都只能在回忆里闪耀光彩。我有时觉得，所有其他的月份都只是十月与十月之间休整的间奏曲，我怀疑狗儿——或许还有灰山鹑——也都是这么想的。

十一月　November

If I Were the Wind
如果我是风

　　在十一月的玉米地奏乐时，风是匆忙的。玉米秆呜呜哼唱，剥落的苞叶半嬉闹地打着旋儿飞上天空，风急急赶路。

　　沼泽地里，风卷起长长的波，掠过绿草覆盖的泥沼，打在远处的垂柳上。一棵树挥动着胳膊想要抗议，可风毫不停留。

　　沙洲上只有风和滑向大海的河。一束束草茎在沙地上画下一个又一个圈。我漫步河滩，走向一段随水漂来的圆木。在那里，我坐下聆听宇宙的咆哮，还有细浪轻拍河岸的泠泠絮语。河流死气沉沉的，没有野鸭，没有大蓝鹭，没有白尾鹞或鸥，它们全都躲了起来，要避开这风。

　　我听到云外传来一声模糊的吠叫，像是远远的狗叫声。世界将会怎样满怀着好奇对这声响竖起耳朵呢？这才是不寻常的事。叫声很快变大：是雁鸣。此刻还看不见，但就要出现了。

　　雁阵钻出低垂的积云现了身，像是一面残破的旗，飘飘荡荡，被风吹得一会儿上一会儿下，一会儿聚拢，一会儿分开，但始终在前进。风亲昵地抱着每一只拍动的羽翼绞扭纠缠。当雁阵化为远方天际的一抹淡影，我听见了最后一声雁鸣，仿佛夏天的安息号。

现在，浮木背后很温暖，因为风随着雁一道远去了。我也会的——如果我是风。

Axe-in-Hand
执斧在手

赏赐的是耶和华，收取的也是耶和华[51]，只是他不再是唯一能够这样做的。当我们的某位远古先祖发明了锹，他便成了赏赐者：他可以种树了。当斧头出现，他又成了收取者：他可以伐木了。每一位拥有土地的人，无论他知道抑或不知，都拥有生杀草木这样僭越的神圣之力。

后来，另一些不那么久远的祖先们又发明了其他工具，但细究之下，每一种都离不开最初的那一对基础器具，不是加之以精巧繁复，便是某种延伸扩展。我们自己分出了职业，每个职业专司某种特别的工具，也有卖的，也有修的，也有负责磨刀砺刃的，也有专门教人使用的。在这样的劳动分工之下，我们只用自己的工具，以此逃避为滥用其他工具负责。但还有一种职业叫哲学。它明白，事实上，借由人的所思所望，每一种工具都能为每个人所用。哲学知道，人们的思维习惯和愿望会帮助他们判断，究竟使用哪种工具才算值得。

十一月是属于斧头的季节，原因很多。天气还够暖，磨斧子时不至于冻僵，却又凉快到足以舒舒服服地砍倒一棵树。阔叶树的叶子已经落了，人们可以看清枝干如何交错纠缠，探究它在前几个月的夏天里长势如何。如果不能像这样清清楚楚看到树冠，人们就无法确认该砍掉哪一棵树——如果有这么一棵的话——来让土地得以休养。

我读过很多对于环境保护主义者的界定，自己也写过不少，可心底里却怀疑，最好的描述或许不是用笔写下的，而是用斧。一个人在砍伐时，在决定要砍伐什么时，心里想着什么，这才是问题的关键。若是环境保护主义者，他必当谦卑恭敬，知道挥斧斫下的每一道痕迹都是签在他的土地之书封面上的名字。无论用笔还是用斧，签名自然各不相同，这是理所当然的。

执斧在手时需要做出抉择，事后细究起来，我总不免为那决定背后的理由而不安。首要的问题是，我发现并非所有树木都生来自由、平等。如果一棵北美乔松和一棵河岸黑桦争夺空间，我会有一种天然的偏向：我总是选择砍掉桦树，优先照顾松树。为什么？

那么，首先，松树是我一锹一锹亲手种下的，而桦树是自己钻过篱笆长起来的。所以我的偏袒是父性的延伸。但这并非全部，因为即便那松树是天生天长的，我也还是会更看重它。看来，我还得继续深挖这种偏向背后的逻辑——如果有逻辑的话。

在我的小镇一带，黑桦数量众多，而且越来越多，与此同时，本就稀少的乔松仍在日益减少。也许我的偏袒是为了保护弱者。可如果我的农场再北一些，在乔松繁茂而黑桦稀少的地方，会怎样？我承认，我不知道。我的农场就在这里。

乔松能活一个世纪，黑桦的寿命只有一半，我是在害怕签名消失吗？我的邻居们都拥有很多黑桦，却不种松树，我是虚荣地想要有一片与众不同的林地吗？松树经冬长青，黑桦十月就落叶收工，我是更偏爱能像自己一样勇敢面对冬日寒风的树木吗？乔松为榛鸡提供庇护，黑桦提供的是食物，我是觉得床比餐重要吗？最后，一千方松木能卖十美元，一千方桦木只能卖两美元，我是顾及经济问题吗？所有这些，都可能是隐藏在我的偏袒背后的理由，看起来也多少都有些道理，但却没有哪一条真正够分量。

于是我再次尝试分析，这一次，或许找到了点儿什么：松树下多半会长出藤地莓、水晶兰、鹿蹄草或北极花，而桦树下，一株瓶状龙胆已经是最美好的期望。松树常常能引来北美黑啄木鸟凿穴安家，而桦树最多招来一只长嘴啄木鸟。四月里，风在松间为我歌唱，同一时间，桦树只有光秃秃的细枝喀啦啦作响。要解释我的偏袒，这些理由很有道理。可为什么？是松树比桦树更能激发我的想象和期望吗？如果是这样，差别到底在树，还是在我？

从头到尾，我只得出了唯一的结论：我喜欢所有的树，但我爱松树。

正如我所说，十一月是斧头的季节，和其他关于爱的事儿一样，想偏袒得好也需要技巧。如果桦树长在松树的南面，而且更加高大，春天到来时，它就能为松树遮挡阳光，阻止松象甲在树上产卵。和松象甲比起来，桦树的竞争只算得上是微不足道的小烦恼，前者的幼虫能杀死松树顶枝，让整棵树变得丑陋畸形。想来真是有趣，这昆虫对于阳光的偏好不但关系着它自己的物种延续，还影响到我的松树将来的模样，决定我自己作为斧头和铁锹的使用者是否成功。

此外，如果我砍掉桦树却迎来了一个干旱的炎夏，失去荫蔽的土壤温度上升，流失的水分很可能比桦树抢走的更多，那么我的松树就没有从我的偏袒中得到任何好处。

最后，假如桦树枝在风中刮破了松树的顶芽，松树最后一定会长走样，那么，无论还有什么理由，桦树都得被移走，要么就得每年冬天修剪它的枝条，为松树在夏季的生长腾出空间。

执斧者必须预先考虑并权衡以上种种利弊，做出冷静的抉择，以此确保他的偏袒至少不会仅仅止步于好意。

对于手握斧头的人来说，农场里有多少种树木，他就有多少种偏袒。从他对于它们美观程度或实用性的反应，到它们对于他所施予的照顾或驱逐的辛苦劳作给出的回应，经年累月的得失教训让他为每个物种都分配了一系列要素，足以构筑起它们各自的品性面具。令我吃惊的是，不同人赋予同一种树的品性是如此千差万别。

对我来说，颤杨很不错，因为它为十月增色，又在冬天里养育我的榛鸡。但对我的某些邻居来说，它简直就是杂草，大概是因为它的生命力太强，总是不等他们的祖父清除掉树桩就又抽出了新枝（我无法嘲笑他们，因为我发现自己也不喜欢榆树的再生部分威胁到我的松树）。

另外，落叶松在我的喜好榜单上高居第二位，仅次于北美乔松。这也许是因为它在我的小镇一带几乎绝迹了（弱者偏向），或是因为它会让十月的榛鸡闪烁金光（猎枪偏好），或是因为它能酸化土壤，让土地上长出我们最最美丽的兰花——皇后杓兰。而另一边，林业人员已将落叶松扫地出门，因为它长得太慢，无法重复产生收益。为了杜绝争议，他们还说，它每隔一段时间就会染上叶蜂虫害。不过，对于我的落叶松来说，那是五十年之后的问题了，还是留给我的孙子去操心吧。何况我的落叶松长势是这么的好，连带我的心情也飞上了天。

如果让我来说，老三角叶杨就是最伟大的树，它年轻时曾为野牛遮阴，让鸽群栖息，我之所以喜欢年轻的三角叶杨，就是因为总有一天它会老去。但农夫的妻子（连带农夫也一起）瞧不上任何一株三角叶杨，因为六月里雌树的飞絮会堵住纱窗。现代信条就是，一切都得为舒适让路。

我发现我的偏袒比邻居多得多，因为我对许多物种都有个人偏好，而它们全都挤在一个名声不佳的家族里：灌木。比如，我喜欢火焰卫矛，一半因为鹿、兔子和田鼠都如此喜爱它美味的嫩枝和嫩绿的树皮，一半因为它鲜红的浆果在十一月的雪地里显得如此光亮温暖。我喜欢山茱萸，因为它喂养了十月的旅鸫；喜欢美洲花椒，因为我的丘鹬每天都在它尖刺的庇护下享受日光浴。我喜欢榛树，因为它十月里遍身着紫令我得享眼福，也因为它十一月的柔黄花序喂饱了我的鹿和榛鸡。我喜欢美洲南蛇藤，因为我父亲喜欢，也因为每到七月一日，鹿就会准时开始吃它的新叶，而我可以就此向我的客人炫示预言。这样一种植物，能让我这个小小的书呆子每年都有一次机会化身为言出必中的预言家和先知，叫我怎能不喜欢。

显然，我们的植物偏好多多少少都有渊源可循。如果你的祖父喜欢山核桃，你就会听到父亲说起，进而喜欢上山核桃树。反之，如果你的祖父点燃过一段缠绕着毒漆藤的木头，还不小心站在了烟雾中，那么，无论每年秋天那火红的光彩如何温暖你的双眼，你都不会喜欢上这个物种。

同样明显的是，植物偏好不但会透露我们的职业，还会泄露爱好，两者座次之微妙一如勤勉与怠惰间的分寸把握。喜欢打猎榛鸡胜过照看奶牛的农夫不会不喜欢山楂树，无论它是否侵占了他的牧场。浣熊猎人一定喜欢椴树。我还知道，齿鹑猎手不会对豚草心怀不满，哪怕他们每年都得忍受一次花粉过敏。我们的偏好实在就是一份精准的索引，展现着我们的好恶、我们的口味、我们的忠实、我们的慷慨，还有我们消磨周末的方式。

不管怎么说，在十一月里，我很满足于手执斧头消磨掉我的周末。

A Mighty Fortress
坚实的堡垒

每片林场，连同伐倒在地的木材、燃料、篱笆桩子，都应该能为它的所有者提供通识教育。智慧的庄稼永远不会颗粒无收，但也并不总能丰收。这里记录了我从自家林子里学到的许多课。

十年前，在买下那片林地之后不久，我就意识到，我买下了多少棵树，就差不多同时得到了多少种林木病害。我的林地里充斥着树木可能染上的一切小灾小病。我开始想，当初诺亚登上方舟时要是落下了林木病害该有多好。然而，事实很快证明，恰恰是这些病害把我的林地打造成了整个县内首屈一指的坚实堡垒。

我的林子是一个浣熊家族的大本营，这在邻居的林子里很少见。某个十一月的周日，新雪初霁，我找到了个中缘由。冲着浣熊来的猎人和他的猎狗留下了一道新鲜足迹，直通向一棵槭树。那棵树根须翻起，半裸在外，下面藏了一只浣熊。根和土壤纠结成团，被冻得结结实实，挖不动也砍不开；树根下的空穴又太多，也没法用烟熏。就这样，只因为真菌病害侵蚀了树根，猎人空手而返。这棵树被暴风雨刮倒，却成了浣熊王国的铜墙铁壁。若不是有这个"防空洞"的保护，我的浣熊种子库就免不了每年都要被猎人扫荡一次了。

我的林子里住着一打披肩榛鸡。雪太大的时候，我的榛鸡就会转移到邻居的树林里去，那里有更好的住所。不过，我还是能留住一些，数目总是等同于在夏季暴风雨里倒下的栎树。这些夏季留下的风倒木上还挂着干枯的树叶，下雪时，每一棵风倒木都能为一只榛鸡提供庇护。粪便告诉我们，榛鸡就在这些树叶覆盖的窄小空间里栖息、觅食、散步，远离大风、猫头鹰、狐狸和猎人的威胁。经过风雨寒暑烹制的栎树叶不但提供了遮蔽，而且因为某种特别的原因，还变成了榛鸡钟爱的美食。

自然，这些被风吹倒的栎树都是病树。要不是生了病，栎树是很少会折断的，那榛鸡也就找不到倒地的树冠来藏身了。

病栎树还为榛鸡准备了另一种显然十分美味的食物：栎瘿。

瘿是嫩枝上的病态增生物，是枝条还柔嫩多汁时被瘿蜂蜇刺而生成的[52]。十月里，我的榛鸡常常都能饱餐栎瘿。

每年，野蜂都会在我的空心栎树上筑巢，而每一年，不请自来的采蜜人都会早我一步收走蜂蜜。这一方面是因为他们比我更擅长寻找有蜂巢的树，另一方面是因为他们使用了网，这才能赶在秋天蜜蜂消失前完成作业。可若不是心腐病，栎树上也不会有空洞留给野蜂来建筑它们的栎木蜂巢了。

在兔子的周期性丰年时，我的林子里兔子泛滥成灾。它们啃光了几乎每一种我努力助其生长的树与灌木的皮和幼枝，却忽略了几乎所有我希望减少的物种（当猎兔子的人种植起自己的松树林或果园时，兔子就不再是猎物，转而变成了害虫）。

虽说兔子什么都吃，可在某些方面，它堪称美食家。比起野生植物，它更喜欢人工种植的松树、槭树、苹果树和火焰卫矛。它还坚持，在它屈尊品尝之前，某些沙拉一定要提前处理好。所以它向来对山茱萸不屑一顾，除非有榆蛎盾蚧先出手，经过它们的调理，树皮便成了美味佳肴，附近所有的兔子都会赶来狼吞虎咽。

一个有十几名成员的黑顶山雀群整年都生活在我的林子里。冬天，当我们砍伐病树或死树作柴火时，斧斫声便成了山雀部落的晚餐铃。它们守在一旁等待树木倒地，毫不客气地对我们的缓慢进度品头论足。等到树干终于倒下，楔口翻开露出内里的珍藏，山雀便系上它们的雪白餐巾飞落。在它们眼里，每一块死去的树皮都是一个装满了虫卵、幼虫和虫茧的珍宝库。对它们来说，每一段蚁穴纵横的树心木里都流淌着奶汁与蜜液。我们常常把一段刚刚劈开的木头靠在附近某棵树上，就为了看这些贪吃的小鸟扫荡蚁卵。和我们一样，它们也能由新鲜栎木块的馥郁芬芳中得到帮助和享受。明白到这一点，我们的工作便也似乎不那么辛苦了。

若非疾病和虫害，这些树就不可能提供食物，黑顶山雀也就不会在冬天里为我的林子增添生机了。

还有许多其他野生动植物依赖着林木病害。我的北美黑啄木鸟在活松树上凿洞，从生病的树心里叼出肥嫩的幼虫。我的横斑林鸮在老椴树的空心树干里休憩，免受乌鸦和松鸦骚扰，要是没有这株病树，它们那日落后的小夜曲或许再也不会响起。我的林鸳鸯在空心的树干里筑巢，每年六月都为我的沼泽林地带来一窝毛茸茸的小雏鸟。所有松鼠的固定居所都有赖于朽蚀腔洞与树疤之间的微妙平衡。松鼠是它们之间公正的调停者，树木努力长出瘢痕来弥合创口，但一旦做过了头，松鼠就啃去越界的瘢块，保证自家大门前通畅敞亮。

在我那满是病虫害的林子里，真正的珍宝是蓝翅黄森莺。它以水面上方死去的树干为家，住在啄木鸟的旧居或其他小树洞里。它的蓝翅金羽在六月林间的潮湿腐朽处闪亮，这本身就是证明了，死亡的树木会转化为活生生的动物，反之亦然。当你怀疑造化的智慧时，看看蓝翅黄森莺吧。

十二月 December

Home Range
家园之境

住在我农场里的野生生物不愿直接告诉我，在我的小镇里，有多少地方被纳为了它们日夜巡视的领地。我对此很好奇。因为这可以让我知道，它们的世界与我的领地之间比例如何，进而顺势引出另一个更加重要的问题：谁更了解我们生活的这个世界？

和人一样，我的动物不愿诉诸言语的事情，却常常被它们的行为出卖。很难预料某次泄密会在什么时候，以什么方式暴露于人前。

狗儿没法抓握斧头，我们其他人忙着伐木劈柴时，它便可以自由地去狩猎。突如其来的猎猎犬吠向我们发出提醒，一只兔子如闪电般从它草丛中温暖的床上蹿起，慌忙奔向别处。它笔直冲向四分之一英里外的一个柴堆，缩进两束捆扎好的柴火之间，那是个摆脱追捕者的安全工事。狗儿象征性地在坚硬的栎木上留下几个牙印便放弃了，继续去寻找其他不那么精明的白尾灰兔。我们继续劈柴。

这个小插曲告诉我，这只兔子对介于它的草甸居所和柴堆防空洞之间的土地了如指掌。否则如何解释那笔直的逃生路线？这只兔子的家园领域至少覆盖了方圆四分之一英里的土地。

每年冬天，凡是造访过我家投食点的黑顶山雀都会被抓住并戴上鸟类环志。我的邻居里也有人给山雀喂食，但从不做标记。通过观察带环志的山雀现身过的最远地点，我们知道了，我家山雀群冬季的家园领域直径是半英里，但只包括其中无风的地带。

在夏天，当雀群四散求偶，带环志的山雀会出现在更远的地方，与没有环志的鸟儿结成伴侣。这个季节里，黑顶山雀无须畏惧风，便常常出现在多风的开阔地带。

三头鹿昨日留下的新鲜足迹在雪地上清晰可见，直穿过我们的林子。我循着足迹往回走，发现了三个紧邻的窝，都背风避雪，藏在沙洲上的大柳树丛下。

我继续沿着足迹向前去，它们通向了我邻居的玉米地，在那里，鹿从雪里刨出散落的玉米粒，还弄乱了一堆禾束。接下来，足迹掉头返回，循着另一条路线回到沙洲。一路上，鹿刨过好几处草丛，低头在里面寻找柔嫩的绿芽，还到一处泉边喝了水。有关这趟夜间旅程图画的勾勒到这里就完成了。从床到早餐，整个行程距离是一英里。

我们的林子里总是住着榛鸡，但去年冬天的一场大雪后，我既没在松软的雪地上看见它们，也没能找到任何足迹。就在我几乎要认定我的鸟儿已经搬家离开了的时候，我的狗儿盯上了一丛去年夏天倒下的栎树树冠。三只榛鸡冲了出来，一只紧接着一只。

倒地的树冠周围和下方都没有足迹。很显然，这些鸟是直接飞进去的，问题是，从哪里飞来的呢？榛鸡必须吃东西，零度的天气里尤其如此。于是我检查它们的粪便来寻找线索。在一堆乱七八糟的杂物中，我发现了芽鳞，还有已经冻结的龙葵浆果坚韧的黄色果皮。

夏天时，我曾留意到一丛幼嫩的槭树下长着许多龙葵。我到那儿找寻了一番，在一段树干上找到了榛鸡的爪印。这些鸟儿没有费力去跋涉雪地，选择了踏着它们领地里的树干行走，四处啄食暴露在外的浆果。这是在倒下的栎树往东四分之一英里的地方。

当天傍晚，日落时分，我在西面四分之一英里外的杨树林里看见一只榛鸡探出头来。那里也没有爪印。故事清楚了。当松软的雪铺满地面时，这些鸟儿靠翅膀而非双脚巡视它们的家园，范围直径半英里。

科学对于家园领域知之甚少：它在不同的季节里面积有多大？领域内必须有什么食物和植被？它在什么时候，以什么方式抵御入侵者？还有，它的领主究竟是一个个体、一个家庭，还是一个族群？这是动物经济学——或生态学——的基础。每个农场都是一本动物生态学的教科书，林间生活的知识就是这本书的释义。

Pines above the Snow
雪地上的松

创造这件事，通常来说都是专属于上帝和诗人的，但只要知道该怎么做，普通些的人也能绕开这种限制。比如说，要种松树，并不需要假手上帝或诗人，你需要的只是一把铁锹。有了这个规则上的微妙疏漏，任何大老粗都能说：要有树——就有了树。

如果他的腰背够强壮，铁锹够锋利，到最后也许能种下上万株树。等到第七年，他就可以挂着他的铁锹，望着他的树，看着它们都甚好[53]。

上帝在第七日满意地结束了他的手工劳作，可我留意到，从那之后，他对于其中优劣就再也不置一词。我猜，一方面是他言之过早；另一方面，比起充作遮羞布和衬托天空来，树木的挺立本身就似乎更加重要[54]。

为什么铁锹被视为苦工的象征？也许是因为大部分铁锹都太钝了。自然，所有做苦工的人都有一把钝铁锹，但我不确定这两者间究竟谁是因谁是果。我只知道，只要一把握在有力大手中的好锉子就能让我的铁锹在插进松软土壤时唱起歌来。有人说锐利的刨子、尖利的凿子和锋利的手术刀里藏着乐曲，可我听过的最美妙的曲子，来自我的铁锹——栽种松树时，它就随着我的手腕翻转歌唱。我怀疑，那些为了在时间竖琴上敲出一个清晰音符而煞费气力的家伙，只是错在选择了太难驾驭的乐器。

将种植的季节限定在春天是好事，因为凡事都要适度才是最好，即便铁锹也不例外。其他月份里，你可以观察松树渐渐长成的过程。

　　松树的新年始于五月，那是枝端顶芽变成"蜡烛"的时候。无论是谁为这新生儿起了这样一个名字，他的心灵都是敏锐的。"蜡烛"听上去似乎毫无新意，只是指代了一些明显的事实：新枝质地如蜡、竖直向上，而且脆弱易折。但松间的居民知道，"蜡烛"还有一重更深的含义——它的顶端燃烧着永恒的火焰，照亮通往未来的道路。五月复五月，我的松树跟随"蜡烛"的指引向天空伸展，每一株都笔挺正直，只要在终场号角吹响前有足够的时间，每一株都必定能够抵达终点。唯有极老的松树，才会在最后忘记了诸多蜡烛中谁是最重要的那一支，从而被天空磨平它皇冠的锋锐。你或许也会忘记，但在有生之年里，你亲手栽下的松树绝不会忘。

　　如果你崇尚节俭，就会发现松树是个与你志同道合的好伙伴。和那些不存隔夜粮的阔叶树不同，它们从来不会寅吃卯粮，反倒是完全依靠上一年的积蓄生活。事实上，每一棵松树都有一本公开的存折，每年六月三十日之前，存折上都会记下当年的现款余额。到这一天为止，如果它那成熟的"蜡烛"上长出了一簇十枚或十二枚顶芽，那就意味着，它已经储备了足够的雨水和阳光，有力气在来年春天里再向着天空蹿高两英尺，甚至三英尺。如果只有四枚或六枚顶芽，它的冲劲儿就会小一些，可就算如此，它依然特立独行，坚持着量入为出的风格。

　　当然，和人一样，松树也会遭遇荒年，这些都以生长缓慢的方式被记录在册，就像是树枝上间距较短的相邻环纹。如此一来，对于行走在松林间的人来说，这些间距便是可任意阅读的松树自传。要准确推断出灾荒年份，你通常得将数出的年份再往前推一年。这么说吧，既然所有松树在一九三七年都长得慢，那就意味着一九三六年发生过普遍的大旱。反之，所有松树在一九四一年都长得特别快，也许是因为它们看到了乌云将至，因此才格外努力，想以这样的方式告诉全世界：哪怕人类迷失了方向，松树依然知道该何去何从。

如果只有一棵松树显示曾有某个饥馑之年，左邻右舍却都查找不到记录，你就可以放心推断那只是某场地区性或个体的危机：火舌舔舐、田鼠啮咬、风灾，也可能是我们称之为土壤的那个黑色实验室遭遇了某次波及不广的小小瓶颈。

松树爱聊天，闲言碎语也不少。从它们的闲聊中，我能了解到在我去城里的一个星期里发生过什么。比如，三月里，当鹿开始频频光顾乔松时，取食的高度能告诉我它们究竟有多饿。饱餐过玉米的鹿很懒，啃咬的嫩枝不会高出地面以上四英尺；然而，一只真正饿了的鹿却能抬起前脚够到八英尺高处的枝叶。就这样，不必在场，我便能知道鹿的饮食状况如何，也不必亲自走访，就能了解邻居是否已经收获了他们的玉米。

五月的"蜡烛"好似芦笋芽般柔嫩脆弱，一只鸟落在上面常常就能将它折断。每年春天我都会发现一些这样遭到"斩首"的树，每株树下的草地上都散落着它萎蔫的"蜡烛"。发生了什么很容易推断，但十年以来，我从来没有亲眼见过鸟儿折断"蜡烛"的情形。这用事实告诉我们：未必眼见方才为实。

每年六月，总有几棵乔松的"蜡烛"突然开始发蔫，接着很快便发褐、死去。那是松象甲钻进芽孢里产了卵，幼虫孵出后便沿着木髓向下钻，将嫩枝杀死。这样一株失去了领头羊的松树注定受挫，在接下来冲向苍穹的竞赛中，余下的枝丫谁也不服谁，个个争先恐后，结果，整株树便长成了一簇灌木。

奇怪的是，只有彻底暴露在阳光下的松树才会遭遇松象甲，背阴处的却总能得免于难。这也算是祸兮福所倚吧。

待到十月，我的松树用它们被蹭掉的树皮告诉我，雄鹿是什么时候开始兴高采烈起来的。八英尺高的短叶松独行侠似乎格外有魅力，能让雄鹿相信，世界需要些刺激。这样一棵树必然是逆来顺受的，总被蹭得格外厉害。在这样的对抗中，唯一的公理就是，树越是受到折磨，就有越多松脂黏在雄鹿那不怎么闪亮的鹿角上。

林间的闲谈有时很难懂。一个隆冬时节，我在一个榛鸡窝下面的排泄物里发现了些没有完全消化的东西，认不出是什么。它们像是小号的玉米棒，只有半英寸长。我绞尽脑汁，寻遍了本地每一种榛鸡食物，也没能找到任何有关这种"玉米棒"来历的线索。最后，我切开一枚短叶松的顶芽，在芽心里找到了答案。榛鸡吃掉这些顶芽，消化了树脂，在嗉囊里磨去了它的鳞苞，只留下"玉米棒"，事实上，它就是未来的"蜡烛"。可以说，这只榛鸡预支了短叶松的"未来"。

威斯康星州有三种本土松树（北美乔松、脂松和短叶松），它们对于适婚年龄的看法截然不同。早熟的短叶松有时离开苗圃一两年就能开花结果，在我那些十三岁的短叶松中，好些连孙子辈都有了。而我的十三岁脂松这年才第一次开花。至于乔松，更是还不到时候——它们严格遵从盎格鲁-撒克逊信条：自由、白色、二十一岁[55]。

　　若不是如此多样的社会观，我的红松鼠的菜单就要短上许多了。每年仲夏，它们开始撕扯短叶松果剥籽，每一棵松树下都堆满了它们年度盛宴的残骸，任何劳动节野餐制造出的瓜皮果壳都不会像它们这样多。不过，总会有松果留下来，健康茁壮，在成簇的一枝黄花中抽枝发芽。

　　很少有人知道松树会开花，知道的人大多数又太无趣，只把这鲜花狂欢看作例行生理功能的一环。所有看破红尘的人都应该把五月的第二个星期消磨在松林里，戴眼镜的人更该多准备一条手帕。即便就连戴菊的歌声都没能拨动来者心弦，那绵密纷扬的松花粉也足以令任何人感受到这个季节澎湃的激情。

　　年轻的乔松离开父母能生长得更好。我熟知整片林地，其中的年轻乔松哪怕生长在向阳地里，还是照样被它的长辈们压制得又矮又小。可某些林地里却不存在这样的压制。真希望我能知道，这种包容性的差异究竟是在于年轻一辈、长辈，还是土壤中。

　　松树和人一样，对伙伴都很挑剔，好恶丝毫不加掩饰。就像乔松和悬钩子、脂松和花大戟、短叶松和香蕨木，两两之间都极其亲密。如果在悬钩子的地盘上种下一株北美乔松，我能肯定地说，不出一年它就能长出成簇的壮实芽苞，在新生的松针上开出泛着幽蓝的花，向你诉说，它有多健康，同伴有多可心。它比草地上的兄弟长得更快，花开得更多，即便它们是同一天种下，得到同样的照料，植根在同样的土壤。

十月，我喜欢行走在蓝色的羽翎间，它们自悬钩子叶铺就的红色地毯上升起，笔直、强壮。也不知它们有没有意识到自己的幸福。我只知道，我能感受到。

松树赢得了"常青"的名声，方法一如政府用以打造"永恒"表象的策略：任期制。每年，新生的枝头上长出新的松针，花上一段相对漫长的交接期替换掉老的松针，就这样，让漫不经心的观景人以为松针永远都是绿的。

每种松树都有自己的章程，章程里根据松针适宜的生活方式规定了它的任期年限。比如，乔松需要它的松针留任一年半，脂松和短叶松的任期则是两年半。接任的松针六月就职，离任的松针十月发表告别演说。演说词书写着同样的内容，用着同样的茶黄色墨水，墨水同样都会在十一月里变成棕褐色。然后，松针落下，被收纳归档，丰富着挺立者的生存智慧。就是这点滴积累的智慧消去了松下行人的脚步回响。

有时，我能从我的松树身上学到比林地政治学、比天气和风信都更重要的东西。这总是发生在数九隆冬里，似乎特别偏爱阴沉的黄昏，雪抹去了一切无关紧要的细节，寂静之中蕴含着最深沉的哀伤，重重压在每一个活物头顶。尽管如此，我的松树，每一株都背负着积雪，笔直挺立着，一排又一排，在远远的暮光之下，我感应到了远不止成百上千株松树的存在。每当这时，都会有难以言喻的勇气注入我的身体。

65290

为一只鸟戴上环志，就是拥有了一张博大奖的彩票。我们大多数人都握着赌自己生死的彩票，却是从保险公司买来的。保险公司太精明了，不会把真正公平的机会卖给我们。戴上了环志的鸟儿却不同，这张彩票牵系着的究竟是一只已经坠落的麻雀，还是一只早晚有一天会再次撞进你的陷阱以证明它还活着的山雀，这才是客观公正的赌博。

新手因为给新鸟套上环志而激动，他在玩一种与自己竞赛的游戏，努力要打破此前保持的总数纪录。而对于老手来说，为新鸟套上环志只是愉快的例行公事，真正的激动在于捕获许久以前曾套上环志的鸟儿，对于这只鸟的年龄、冒险经历，乃至于从前的饮食情况，你甚至比它自己更了解它。

就像在我家，五年来最重要的"博彩"问题始终是：黑顶山雀65290号是否又活过了一冬？

从十年前开始，每年冬天我们都会设下陷阱，捉住农场里绝大多数的黑顶山雀，为它们戴上环志。初冬时，陷阱困住的几乎都是没有环志的鸟儿，看来它们多半都是当年的新生儿，一旦戴上了环志，以后就可以被"追本溯源"了。冬日渐深，陷阱里不再出现没有环志的鸟，我们便知道，本地鸟儿大部分都是有标记的了。根据环志编号，我们能说出眼下有多少鸟，其中又有多少是在之前一年就戴上了环志的幸存者。

65290是"一九三七级"的七只黑顶山雀之一。第一次进入我们的陷阱时,它看起来并没有什么特别。和它的同班同学一样,面对牛脂时的勇猛压倒了它的谨慎。也和它的同学一样,它在被取出陷阱时啄了我的手指。等到戴上环志被放开,它拍拍翅膀飞上一根树枝,微微有些恼怒地啄着它崭新的铝制脚镯,抖抖乱了的羽毛,轻咒两句,便急急忙忙飞去追赶它的同伴了。它多半没能从这经历里总结出什么哲理(类似"闪亮的并不全都是蚂蚁蛋"之类的),因为就在这同一个冬天里,它又被捉住了三次。

第二年冬天,我们的诱捕结果显示,七"人"班缩减成了三个,第三年是两个。到了第五年,65290号已经是它那一辈里仅存的硕果。虽然表面上依然没有显示出任何天赋异禀的模样,可它显然拥有非比寻常的生存能力,这是有据可查的。

第六年,65290没出现,接下来四年它也都一一缺席,"战斗中失踪"的结论如今可以确认了。

即便如此,在十年来戴上环志的九十七只鸟儿中,唯有65290熬过了五个冬天。有三只活了四年,七只活了三年,十九只两年,其余六十七只在第一个冬天之后就消失了。那么,如果我要卖保险给鸟儿,大可以算出个稳稳当当的保费数字来。可又有问题了:要用什么货币来向寡妇们支付赔偿金呢?我猜想,应该是蚂蚁蛋。

我对鸟儿的了解太少,只能推测65290得以在一众同伴间独存的缘由。是因为它在躲避敌人时更机灵?什么敌人?黑顶山雀个头太小,几乎没有天敌。那位名叫进化的古怪家伙曾经让恐龙越长越大直至自取灭亡，却极力压缩黑顶山雀，让它刚刚好大到捕蝇草没法把它当成昆虫轻松吞掉，又偏巧小到鹰隼鸥鹛统统懒得把它当作鲜肉来追捕。然后，它注视着自己的造物，笑了。人人都在嘲笑它，热情如此大，成果却如此小。

美洲隼、东美角鸮、呆头伯劳，特别是体形最小的棕榈鬼鸮，都可能觉得捕杀黑顶山雀还算有些意思，不过我只找到过一次指证真凶的证据：一只东美角鸮的唾余[56]里躺着一个我的环志。也许这些小个子大盗对更小的小个子还存着几分同病相怜的感觉。

看起来，天气大概是唯一既不幽默又无肚量的山雀杀手了。我猜想，黑顶山雀的主日学校里一定教授着两大戒律：不可在冬日入风地，不可因风雨湿羽毛。

我是在一个细雨绵绵的冬日傍晚学到第二条戒律的。当时我在自家林子里看到一群鸟儿归巢。细雨由南而来，不过我敢肯定，清晨之前它一定会转向西北，变得非常冷。鸟群歇在一株死去的栎树里，树皮已经剥落卷曲，变成了各种卷儿、圈儿和窟窿，大小不一，形状各异，朝着不同的方向。若是有鸟儿选择了背对南来细雨却北面门户大开的干爽巢穴，它必定等不到天亮就会彻底冻僵。同样选择干爽巢穴，但四面八方都遮挡严实的鸟儿，才能平安无事地醒来。我想，这便是山雀王国的某种生存智慧，也是65290和像它一样的鸟儿长寿的秘诀。

黑顶山雀害怕多风之地，从它们的行动中很容易得出这个结论。冬天，它只会在无风的日子冒险离开树林，飞多远不一定，与微风流动的力道成反比。我知道好几个狂风呼啸的林地，整个冬天都看不见一只山雀，然而在其他季节却能随时看到。那些地方之所以风大，是因为奶牛啃光了地面的灌木。银行家向农场主发放抵押贷款，农场主只得饲养更多奶牛，奶牛需要更多草地。对于那位享受着暖气的银行家来说，风只是个微不足道的小问题——只要它不是出现在熨斗街区[57]的街角。而对于黑顶山雀来说，冬日的风便是国境线，圈出了它能够生存的世界。如果山雀也有办公室，它办公桌上的格言一定是："八风不动。"[58]

它在面对陷阱时的反应颇能说明问题。掉转你陷阱的方向，确保入口处有风吹在它的尾巴上，哪怕只是一缕轻柔的和风，那就算倾尽全国的烈马也无法将它拖到诱饵跟前。换个方向，你的战果或许就相当不错了。羽毛是山雀自带的便携屋顶和空调，背后吹来的风会钻进羽毛底下，又湿又冷。鸦、灯草鹀、树雀鹀和啄木鸟也害怕背后来的风，但论起来，它们的供暖设施更强，对风的耐受力也就更强。自然类书籍里很少提及风，毕竟，它们都是在暖炉边写出来的。

我疑心黑顶山雀王国里还有着第三条律令：须当探查一切喧闹声响。因为，只要我们开始砍伐林中的树木，这些小鸟便立刻出现，盘桓不去，直到树木倒地、树干裂开，露出新鲜的昆虫卵或蛹来款待它们。枪声同样能吸引它们，只是给不出那样让人满意的奖品罢了。

早在还没有斧子、槌子和枪的年代里，是什么充当了它们的晚餐铃？或许是树木倒折时发出的声响吧。一九四〇年十二月，一场冰风暴横扫我们的树林，折断的枯木与活枝不计其数。此后足足有一个月的时间，我们的小鸟对陷阱嗤之以鼻，风暴留下的奖品早已将它们喂饱。

　　65290早已离开，去领受它的报偿。我希望，在它的新树林里，从早到晚都有装满了蚂蚁蛋的好栎树倒下，永远没有风打扰它的宁静或败坏它的胃口。我还希望，它仍然佩着我的环志。

Part II: SKETCHES HERE AND THERE

卷二：漫行随笔

威斯康星州 Wisconsin

Marshland Elegy
沼泽挽歌

黎明的风在大沼泽上盘旋。它不动声色地缓缓卷动晨雾，掠过宽阔的沼地。迷雾如白色冰川幽灵般前行，飘过落叶松方阵，滑过露水深重的泥沼草甸。天地之间，纯然一片寂静。

不知名的天外摇起了小铃铛，大地侧耳聆听，叮当声温柔洒落。随即重归寂静。现在，一阵犬吠声传来了，像是出自某只拥有甜美嗓音的猎犬，很快便引来一阵乱糟糟的应和。接着，猎角骤然吹响，号声清越高远，划破天际，直刺入迷雾中。

号声时而嘹亮，时而低沉，时而止歇，到后来，小号声、嘎嘎声、呱呱声和叫喊声混作一片，越来越近，几乎连沼泽也摇动起来。可那声响究竟从何而来，仍然是个谜。直到最后，太阳的金光揭开谜底：一大群排成梯形的鸟儿飞来了。它们平平展开双翼，自升腾的迷雾中现出身形，在空中划出最后一道弧线，鸣叫着，盘旋而下，降落在它们的觅食场上。鹤沼上，新的一天开始了。

在这样一个地方，时间感厚实而沉重。从冰川时代开始，每一个春天，它都在鹤鸣中醒来。沼泽所在之处，整片泥炭地层躺在一个古老湖泊的盆底上。可以说，鹤群就站立在它们自己湿漉漉的历史书页上。这些泥炭是压扁了的遗迹，来自挤满池塘的苔藓、遍布沼泽的落叶松，还有，自冰原退却后便在落叶松林之上飞翔鸣叫的鹤。旅队世世代代绵延不绝，用它们自己的骨骼建起了这架通向未来的桥梁，打造了这片栖息地，再一次，未来的主人在这里生活、觅食、死去。

结局如何？沼泽旁，一只鹤吞下了一只倒霉的蛙，奋起它笨重的身体飞上半空，拍动有力的翅膀迎向朝阳。落叶松一次次应和着它坚定的号角。看来，鹤知道答案。

面对自然有如面对艺术，我们的感受力因美而生。它渐渐成长，行经一个又一个演绎美的舞台，化作了至今仍无法以言语尽诉的价值。我想，鹤的感知力更高级一些，超越了言语可以触及的层面。

尽管如此，大概还是可以这样说：我们对于鹤的喜爱是随着地球的历史面纱被缓缓揭开而增长的。现在我们知道，鹤的家族始于遥远的始新世[59]。生活在这个家族起源时期的其他动物都早已埋骨山川丘陵深处了。当鹤鸣传来，我们听到的不只是鸟儿。我们听到的，是"演化"管弦乐团里的小号。它象征着我们无法掌控的过去，象征着我们在不可思议间跨越的一个又一个千年，正是这无数个千年，奠定并铸就了现今鸟儿与人类的一切日常。

就这样，它们活着，以鹤为名，保有着它们的存在，不只活在狭隘的当下，更活在时间长河的宽广流域中。它们每年一度的回归是地质时钟的嘀嗒。它们为回归之地的天空佩上了独特的勋章。在无数平常地方的无尽平庸之间，鹤沼独留着它高贵的古生物专营权，在永世的竞赛中赢得了胜利，唯有霰弹猎枪才能废止它的权力。或许，某些沼泽的悲哀，正是来自它们曾经有鹤栖息。如今它们卑微地站立着，在历史的河流中无定漂泊。

　　每个时代里，似乎都有好猎手和鸟类学者能感受到鹤的这种感知力。为了这样的猎物，神圣罗马帝国腓特烈大帝放飞了他的矛隼。为了这样的猎物，忽必烈的雄鹰也曾猛扑而下。马可·波罗告诉我们："他从放飞隼与鹰的围猎中获得最大的快乐。可汗在查干淖尔有一座雄伟的宫殿，四面环绕着美丽的平原，平原上有数不尽的鹤。他让人种植小米和其他谷物，以免鸟儿挨饿。"

　　还是个小男孩时，鸟类学家本特·伯格[60]就在石楠丛生的瑞典荒原上观察过鹤，从此认定它们就是他毕生的事业。他追踪它们到非洲，在白尼罗河上发现了它们的冬季寓所。他这样描述他的第一次偶然发现："那是一种奇观，能令《一千零一夜》里的大鹏怒飞也黯然失色。"

　　当冰川自北下行，碾过山丘，犁出深谷，其中有的甚至冒险冲出冰堡攀上了巴拉布丘陵[61]，最后回落入威斯康星河口峡谷。河水高涨回流，形成了一个足有半个州那么长的湖泊，东面冰崖耸立，高山融水奔流飞坠，汇入湖中。如今，那古老的湖岸线依旧清晰可见，曾经的湖底便是如今大沼泽的盆底。

若干个世纪里，湖面不断升高，最终越过了巴拉布丘陵东段。在那里，它开辟了一条新的河道，却也就此掏空了自己。鹤为了残留的潟湖而来，吹响宣告冬天败退的号角，召集所有还在缓缓蠕动的生物，一同开启沼泽建设的大业。长满泥炭藓的浮萍泥沼留住了下沉的水，将它们充满。莎草与地桂、落叶松与云杉相继走进泥沼，根须交错，为它定下锚，吸取它的水分，制造出泥炭土。潟湖消失了，但鹤没有消失。苔藓草原取代了远古的水面，每年春天，它们依旧回到这里，翩然起舞，吹响号角，养育它们纤瘦蹒跚的红棕色后代。这些小家伙是鸟，可它们的正确名称并非雏鸟，而是"马驹"。我没法解释为什么。找个缀满露水的六月清晨，看看它们是怎样紧跟在红棕色的"母马"身后，在它们祖先的草原上雀跃嬉戏，你自然就明白了。

不太久远之前的某一年，一名身穿鹿皮装的法国诱猎者吃力地将独木舟划进某条穿越大沼泽的小溪中，溪上满布苔藓。对于这进犯它们泥泞大本营的企图，鹤大肆嘲弄嬉笑。一两个世纪之后，英国人坐着大篷车来了。他们看到了沼泽边繁茂的冰碛石森林，在上面种下玉米和荞麦。与查干淖尔的大汗不同，他们并不打算喂养鹤。但鹤才不管意图这回事，无论那是冰川的、帝王的，还是拓荒者的。它们自管啄食谷子，若是某位发怒的农夫不许它们进入他的田地，它们便吹起示警的号角，横越大沼泽，去往另一片农场。

那些日子里还没有紫花苜蓿，山坡农场只是贫瘠的牧草地，旱年尤其如此。又一个旱年来临，有人在落叶松林里放了把火。当死木被移除干净，火后的土地上迅速长出了加拿大拂子草，一片可靠的牧草场诞生了。自那以后，每年八月，人们都来这里割草晾晒。等到冬天，鹤飞去南方之后，他们开着货车穿过冰冻的泥沼，将干草拖到他们山坡上的农场里。他们用火和斧头消耗沼泽，一年一次，只花了短短二十年，干草场就占据了整片沼泽。

每一个八月，当割草人来支起帐篷，喝酒唱歌，用鞭子和唇舌抽打着他们的队伍，鹤嘶声召唤着它们的"小马驹"，退向远处的安全堡。"红屎棍"[62]，这是割草人对它们的称呼，因为鹤翅的蓝灰羽毛在这个季节里总会染上锈红的色泽。待到干草垒成了堆，沼泽再次为它们所有，鹤才回来，招呼十月天空中来自加拿大的迁徙队伍降落。它们一同在簇新的残茬地上盘旋，向玉米发起进攻，直到霜冻敲响冬季大撤退的信号钟。

对于沼泽居民来说，这些拥有干草场的岁月是田园牧歌的时光。人与兽、植物与土壤同生共存，相互忍让，各取其利。沼泽本可以照样长出牧草，养育草原松鸡、鹿和麝鼠，唱响鹤之歌，点亮蔓越莓，永远延续下去。

新的统治者不懂这一点。土壤、植物、鸟，全都不在他们的互惠关系圈中。这样一种平衡经济带来的利润太低调。他们期望农田不只环绕周边，更要深入沼泽地。一股挖沟掘渠、繁荣土地的浪潮到来了。沼泽地被排水渠分隔成了棋盘，新的农田与农庄星星点点散布其上。

然而，农作物长势可怜，备受霜冻困扰，造价不菲的排水渠更加重了后续的债务负担。农夫撤出了。泥炭湖床干涸了，萎缩了，大火随之而来。自更新世[63]积蓄至今的太阳能挟裹着刺鼻的烟，笼罩了整个乡间。无人为这样的耗费发声，唯有鼻子独自忍耐气味。经过了一夏的干旱，就连冬雪也熄灭不了沼泽的暗焰。巨大的斑秃烙在旷野与草原上，伤疤穿透上百个世纪以来层层覆盖的泥炭，深及古老的湖岸沙洲。野草自灰烬中错杂丛生，一年或两年后，矮小的颤杨长出来了。鹤处境艰难，未经大火的残存草地那么少，它们的数量便也减少了。在它们的耳朵里，挖土机的歌唱近乎挽歌。高歌猛进的指挥官对鹤一无所知，更不在意。物种多一个少一个对工程师有什么意义？没抽干的沼泽到头来能有什么好处？

在随后的十年乃至二十年里，庄稼越长越差，火越烧越猛，林场越扩越大，鹤越来越少，一年比一年更甚。看起来，只有重新淹没才能避免泥炭地继续燃烧。其间，已有蔓越莓种植者堵住排水渠，重新引水灌注进几片光秃土地里，并且获得了不错的收成。遥远的政治家们旋即高谈起边际土地[64]、生产过剩、失业救济与环境保护。经济学者和规划者来看沼泽了。测量员、技术员、民间护林保土队[65]的成员忙忙碌碌地跑来跑去。渐渐地，泥沼重新润泽起来。火坑变成了池塘。荒火还在燃烧，但已无法再点燃湿润的土地了。

如此种种，只等民间护林保土队的帐篷撤去，便是于鹤有益的——只除了经火焦土上一发不可收拾的丛丛矮小杨树，更别提那为了政府保护行动而新筑的纵横道路了。比起思考荒野真正需要什么，修条路是那么简单的事情。无路可通的沼泽之于头顶字母的环保主义者，就像是没抽干的沼泽之于帝国建设者一样，毫无价值可言。荒野，这一自然资源尚未被收录进其所属大写字母的遗产名录，迄今为止，只有鸟类学者与鹤懂得它的价值。

历史总是终结于悖论，无论沼泽还是商业中心，概莫能外。这些沼泽的根本价值在于蛮荒，鹤便是蛮荒的化身。可一切荒野保护都无异于自掘坟墓，但凡有珍爱之物，我们便必须看到、亲近到，一旦看得太多，亲近得太多，就再也没有荒野可珍爱了。

或许，就在我们所谓行善的过程中，在地质时代的某个时刻，终有一天，最后一只鹤将吹响它告别的号角，自大沼泽腾身而起，盘旋着没入天际。高天云外，飘下一阵猎角的号声、幽灵鹤群的吠鸣、小铃铛的叮当响，最后，归于寂静，永不再被打破——除非银河中刚巧还有另一片遥远的草原。

The Sand Counties
沙乡

每个行当都有自己的一套行话，专司评头论足，需要一片草原来任其自由施展。经济学家们也得寻找一处自由牧场，好放牧他们钟爱的批评词汇，比如次边际土地[66]、经济退行、制度僵化之类。在幅员广阔的沙乡里，这些贬斥的经济术语找到了有益的演练场和免费的牧草，更能躲开挑刺的牛虻叮咬。

土壤专家也一样，若是没有了沙乡，人生想必十分艰难。他们的灰壤、潜育土和无氧代谢[67]又将何处安身？

近些年来，社会规划者开发了沙乡新的功用，却也大体还是殊途同归。地图上的每一个圆点都意味着十个浴缸，要么就是五个妇女团体，要么就是一英里的柏油马路，再要不就是一份带血的牛肉。在布满这类圆点的地图上，沙乡提供了空白，无论尺寸还是形状都讨人喜欢。若被圆点一统天下，地图该是多么单调乏味啊。

一言以蔽之，沙乡是贫瘠的。

然而，在二十世纪三十年代，当以字母缩写为名的福利举措好似四十骑兵横越比格弗拉兹[68]一般袭来，劝导沙土地上的农民们移居他处时，哪怕银行已经抛出了百分之三利率的诱惑，这些愚昧的家伙就是不肯离开。我开始好奇原因何在。最后，为了解决这个问题，我为自己买下了一片沙乡农场。

六月间，当看见每一株羽扇豆上都坠着露珠，为我带来意外的惊喜时，我有时忍不住怀疑这沙土是否真的贫瘠。哪怕在丰饶的农场里，羽扇豆也不曾如此生长，更不必说每天都能集出一挂珠宝流虹了。倘若胆敢如此生长，杂草防控官员——他们很少在凝露的清晨前来视察——必定毫不犹豫地一口咬定它们应当被刈除。经济学家们听说过羽扇豆吗？

或许那些不肯离开沙乡的农民是出于某个深沉的理由而留下，这理由植根于历史中，深远久长。每年四月，当白头翁花铺满每一处沙砾山脊时，我总会想起这一点。白头翁花不多言语，可我能推断，它们的喜好之源可以追溯到最早将沙砾留在这里的冰川。唯有沙砾山坡才够贫瘠，能在四月的阳光下为白头翁花留出任意施展的舞台。它们熬过了冬雪、冻雨和刺骨寒风，方才获得了独自盛放的特权。

还有些别的植物，似乎也并不在乎这个世界是否富饶，只是要求一点空间。就像微不足道的蚤缀[69]，刚刚好赶在羽扇豆为土地点染上蓝色之前，给最最贫瘠的山头戴上了一顶白色蕾丝的帽子。蚤缀只是拒绝生活在拥有石头庭院与秋海棠的好农场里，哪怕那是第一流的农场。接下来是小小的柳穿鱼，这么小，这么纤细，这么蓝，以至于若不是直接出现在脚下，你都看不见它——谁曾在沙坡以外的地方见过柳穿鱼？

最后，是葶苈。站在它旁边，就连柳穿鱼也显得高大魁梧起来。我从没见过有哪位经济学家是知道葶苈的。如果我是经济学家，我大概会将我所有的经济学头脑都放在沙地上，俯身趴下，鼻尖紧贴葶苈。

有些鸟儿也是沙乡独有的，若是要寻找原因，有时候很简单，有时候却很难，不妨猜猜看吧。褐雀鹀出现在这里的理由显而易见：它迷恋短叶松，而且是生长在沙地上的短叶松。沙丘鹤选择这里的理由也很明显：它钟情荒凉之地，除了这里已别无他处可觅。但为什么丘鹬也喜欢在沙地里安家？它们的偏好并非基于食物之类现实的东西，因为肥沃土壤里的蚯蚓要多得多。年复一年地探究下来，直到现在，我终于觉得我找到了原因。当开始演唱天空之舞前的汩汩序曲时，雄丘鹬就像一位踩着高跟鞋的小个子女士，草木虬结的地面无法展示它的优势。然而，在沙乡最最贫瘠的草原与草甸最最贫瘠的脊线上，至少在四月里，地面没有任何植被覆盖，只除了苔藓、葶苈、碎米荠、酸模和蝶须，即便是对于短腿的鸟儿，它们也完全不会构成障碍。在这样的地面上，雄丘鹬能够抬头挺胸，或阔步，或疾趋，不但毫无阻碍，还能将舞步彻底展现在它的观众面前——无论是已有的，还是期望的。这个小小的环境，只关乎一天中的一个小时，一年中的一个月，甚至只是两性中的一方，自然与经济学探讨的生活水平毫无关系，却决定了丘鹬安家的选择。

经济学家们倒是暂时还没顾得上安排丘鹬搬家。

Odyssey
奥德修纪[70]

自古生代海洋覆盖大陆之时起，X就将时间标记在了石灰岩层上。时间从未离开，只是化作原子被锁进了岩石里。

当大果栎的根钻进岩层开始刺探并吮吸养分时，锁扣被打破了。一瞬百年，岩石朽败，X被拽出来，回到了地面上活的世界。它帮助花儿绽放，花儿变成橡果，橡果壮实了鹿，鹿养活了印第安人，一切不过发生在一年之间。

X进入印第安人的骨头里安下身来，就此又一次加入了追逐与逃亡、饱餐与挨饿、希冀与恐惧的行列。它感受着这一切，就像感受微小化学反应中永不停歇地拉扯拖曳着每一粒原子变化。当印第安人辞别草原，X暂时回到了地下，渐渐腐朽，只等大地的血液带它踏上又一段旅程。

这一次，是须芒草的须根将它抽起，安置在六月草原滚滚绿波间的一片叶子上，分担起积蓄阳光的公共职责。但这片草叶还有一项不寻常的任务，它要为一只高原鹬的蛋遮阴。那狂喜的鸟儿正盘旋在半空，对着某个完美之物倾洒赞颂——或许是那只蛋，或许是那片阴凉，又或许是天蓝绣球为草原铺上的粉色轻纱。

当启程的高原鹬拍动双翅飞向阿根廷，所有须芒草都高高挥舞起新结成的流苏送别。当第一只雁自北方飞来，所有须芒草都漾起了热烈的酒红，一只富有远见的鹿鼠咬断了X安身的草叶，将它藏进地下巢穴，像是要赶在悄然而至的霜冻之前藏起几缕小阳春[71]。可是狐狸抓住了这只鼠，霉菌和真菌将巢穴拆得四分五裂，X又回到了土壤里，无拘无束，自由自在。

接下来，它钻进一簇垂穗草，造访了北美野牛与野牛粪块，复归泥土。再后来，轮到紫鸭跖草、兔子、猫头鹰。最后，抵达了一丛鼠尾栗。

旅程到这里就结束了，终结于一场草原大火。大火将草原上的植物化为了烟尘、热气与灰烬。磷、钾原子留在灰烬里，氮原子却随风消逝。这一刻，旁观者或许预见到了生命剧场的提前终结，随着大火将氮原子耗尽，土壤可能从此失去它的植物，渐至随风飘散。

但草原拿着的是把双弦弓。大火削弱了它的草地，却壮大了它的豆科植物大军：达利菊、胡枝子、野菜豆、野豌豆、紫穗槐、车轴草、赝靛草，每一株的须根上都生着小瘤，小瘤里藏着它们自己独有的细菌。每一个小瘤都从空气中抽取氮，送到植物体内，最终进入土壤。就这样，豆科植物往草原的储蓄银行里存入了氮，远比草原支付给大火的要多。就连最卑微的鹿鼠都知道，草原很富有。可是草原为什么富有，却是个从古至今都很少被提及的问题。

除了穿行生物圈的一段段旅程之外，X都躺在泥土里，被雨水带着一寸一寸挪向低处。活的植物网住原子，延迟这清洗；死去的植物锁住它们，关进腐败的肢体。动物吃掉植物，暂时带着它们行走，或是上到高处，或是下至低地，这完全取决于动物在觅食地的高处还是低处排泄或死去。没有动物曾意识到，它们死亡的高度比死去的姿态更加重要。就像是一只狐狸在草甸上捕到了一只囊地鼠，将X带到了它那山岩下的居所，随后，鹰杀死了居所里的狐狸。濒死的狐狸知道，它生而为狐的篇章就要终结了，却不知道，一个原子的奥德修奇幻漂流之旅即将就此开启新篇章。

最后，一名印第安人得到了鹰的羽毛，将它们敬献给命运三女神[72]，相信她们对印第安人格外眷顾。他从未想过，也许她们正忙着掷骰子来抵御地心引力：鼠和人，土地和颂歌，也许都只不过是阻止原子跌入海洋的方式。

又一年里，X正待在河岸边的一株三角叶杨里，河狸吞下了它。河狸总是爬上高处觅食，下到低处死去。一场严重的霜冻冻结了池塘，河狸饿死了。待到春汛来时，X随着尸体顺流而下，每一个小时里跌落的高度都比之前一整个世纪还多。这一程的最后，它停在了一处回水湾里，在这个湾里，它成了一只小龙虾的食物，随后到来的是浣熊和印第安人，印第安人在河堤坟茔里长眠，将它卸下。某年春天，一副牛轭刺破了河堤，洪水袭来，用不了一周，X便回到了它远古的监牢——海洋——之中。

逍遥在生物圈中的原子太自由自在，以至于根本意识不到自由，回到海洋的原子却早已忘却了自由。每当一粒原子跌入海洋，草原便从风化的岩石中再抽出一粒。唯一确定无疑的是，草原生物必须努力汲取，快速生长，频繁死去，才能避免入不敷出。

根须钻缝是天性。就在Y被之前的地层释放出来时，新的动物到来了。它们开始整饬草原，好让它符合自己心目中的规则与秩序。一队耕牛翻开了草原的草皮，通过一种名叫小麦的新草，Y开始了一系列让人眼花缭乱的年度旅行。

过去的草原仰赖植物与动物的多样化生存，每一个物种都是有用的，是它们之间的所有合作与竞争共同维护了草原的持续发展。但麦田农夫是拘泥的建筑工，对他来说，只有小麦和耕牛才是有用的。他看到无用的鸽子成群结队飞临他的小麦上空，便立刻要将它们从天空扫荡干净。他看到谷长蜻接手了偷盗工程，勃然大怒，因为这无用的玩意儿太小，没办法杀干净。他看不到负荷了太多麦子的沃土正在流失，裸露在春天的瓢泼大雨里承受着冲刷。等到水土流失和谷长蜻最终终结了小麦种植，Y和它的同伴早已顺水而下，远远离开。

当小麦王国坍塌崩溃，拓荒者开始效仿古老的大草原：他转而畜养牲畜求利，他进而种植擅长泵取氮的紫花苜蓿，他还用根须深长的玉米来发掘更深处的土壤之力。

他运用紫花苜蓿和每一种新型武器来对抗水土流失，并非只为保住已有的耕地，还为开发新的——下一片将会需要保护的——耕地。

就这样，尽管有紫花苜蓿，黑土地还是渐渐羸弱下去。水土流失治理工程师筑起水坝和梯田来留住Y。陆军工程师建造起防洪堤和翼坝来将它与河流隔离。河水不再漫淹，河床却慢慢抬高，直至阻塞了水道。于是工程师们又修起巨型海狸池塘一般的水池，Y在其中的某一个里沉潜下来，它那由岩石到河流的旅行在短短不到百年时间里便结束了。

刚抵达池塘时，Y还有过几次游历水生植物、鱼和水鸟的旅行。可修建了水坝的工程师们又建起了排水渠，它们被远远送出，然后被低处的山峦和海洋捕获。这些原子曾让白头翁花绽放，曾迎接北归的高原鹬，如今却毫无生气地躺着，懵懵懂懂，被囚禁在油污烂泥中。

根须依然在岩石间探寻。大雨依然冲刷着旷野。鹿鼠依然在小阳春里收藏起纪念品。曾有份参与消灭鸽群的老人依然津津乐道于羽翼扑散的荣光。黑白花的野牛[73]在红色畜栏里进进出出，充当起巡行原子的免费顺风车。

On a Monument to the Pigeon
鸽子纪念碑[74]

我们建了一座碑，来纪念一个物种的葬礼。它代表着我们的懊悔。我们哀伤，是因为再也没有一个活着的人可以看到凯旋的鸟儿列阵冲来，掠过三月的天空，为春天开路，扫过威斯康星的每一片树林和草地，驱逐败走的冬天。

年轻时亲眼看见过旅鸽的人还活着，年少时曾随鸽翼卷起的风摇晃的树还活着。但再过十年，就只有最古老的栎树才会记得它们。到最后，只有山峦记得。

书本和博物馆里总是有旅鸽的，但那不过是些图画塑像，无喜无悲，无苦无乐。书上的鸽子不能冲出云层吓得鹿儿奔逃躲藏，不能鼓动着双翼因缀满坚果的树林发出如雷欢呼。书上的鸽子不能清早刚在明尼苏达享受过新收割的小麦早餐，傍晚便赶到加拿大品尝蓝莓晚宴。它们永远活在彻底的死亡中。

比起我们，我们的祖父们住得没那么好，吃得没那么好，穿得也没那么好。他们为之奋斗，改变了命运，却也让我们失去了鸽子。也许，我们现在这样悲伤，是因为我们的心底里也不敢确定这份交易是否值得。工业社会的小玩意儿为我们带来了鸽子时代所不曾享有的舒适，但它们是否也为春日带来了同样的荣光？

自从达尔文带领我们窥见了物种起源之一斑，一个世纪过去了。如今我们知道了当年车轮滚滚的大篷车先辈们所不知道的：人类不过是漫漫进化长路中与其他生物同行的普通一员。时至今日，这新的认知本该为我们带来一些与其他生物的亲近感，一个和平共存的希冀，一份对于世间生命大业之深广漫长的惊奇。

最重要的是，自达尔文以降的一个世纪里，我们本该明白了这样的道理：人类虽然在今天担任了探险航船的船长，航行却绝非只为人类而发，此前有关于此的种种猜想，终究无非是盲人摸象的胡乱叫嚷罢了。

这些事情，唉，都是我们本该明了的。可看起来并没有多少人意识到。

一个物种为另一个物种的消亡而哀悼，这算是日光之下的新事。杀死最后一头猛犸象的克鲁马农人[75]，脑子里只会想着肉排。射杀最后一只旅鸽的猎手，脑子里只会想着他自己的高超枪法。棒打最后一只大海雀的水手干脆什么都没想。可是我们，失去了旅鸽的我们，为所失去者哀悼。如果葬礼是我们的，鸽子恐怕不会为我们而哀伤。这才是人类优越于鸟兽的真凭实据，而非杜邦先生的尼龙抑或是万尼瓦尔·布什先生的炸弹[76]。

这座纪念碑如同游隼般高踞悬崖之上，扫视整个阔大的山谷，守望着，日复一日，年复一年。许多个三月里，它看着雁群飞过，听它们告诉河流，苔原上的水更清、更冷、更孤寂。它眼见许多个四月里的紫荆花开了又谢，许多个五月里的栎树吐艳，铺满万千山头。寻寻觅觅的林鸳鸯在椴木林中挑拣中空的枝干，金色的蓝翅黄森莺从临河的柳枝上摇落金色花粉。白鹭在八月的泥沼中展示曼妙身姿，高原鹬自九月的天空中呼啸而来。山核桃扑通扑通掉进十月的落叶，冰雹噼噼啪啪敲打十一月的山林。可是，再也没有旅鸽飞过，因为再也没有旅鸽——只留下了这无法飞翔的一只，青铜铸就，锲在山岩上。游人能够读到这条墓志铭，可他们的思绪不会为之展开翅膀。

经济至上的卫道士告诉我们，为鸽子忧伤只不过是怀旧的乡愁——就算猎人不杀鸽子，农夫最终也会为了自卫而灭绝它们。

这是诸多极具说服力的奇怪真理之一，但究其根本，理由却不是这些。

旅鸽是生物的风暴。它是飞舞在两大反向电位间的闪电，养尊处优与生存之需，本是无法安然并存的两端。羽毛风暴每年一度汇聚，咆哮着升起、落下、穿越大陆，抽取森林与草原的累累果实，在移动的生命之爆发中将它们燃尽。与其他连锁反应一样，旅鸽必须保持住自身的热烈强度才能生存。当猎鸽人削减了它的数量，拓荒者抽去了它的釜底之薪，它的火焰便渐渐熄灭，不再噼啪作响，甚至荡不起一丝烟尘。

今天，栎树仍然向天空夸耀着它满缀的果实，可羽毛的闪电再也不见。蚯蚓与松象甲沉默地慢慢执行着它们的生物使命，那过去曾自天空中引下闪电的使命。

问题的关键并不在于鸽子已逝，而在于，在巴比特时代[77]之前的千万年里，它们一直都在。

旅鸽热爱它的土地：它强烈渴望挤挤挨挨的葡萄和爆裂开的山毛榉果实，因之而生；它蔑视路途的遥远与季节的变换，因而得生。无论威斯康星能否无私地给予它今日，它都会继续探寻并找到明天，在密歇根，在拉布拉多，或者田纳西。它的爱为眼前的东西而准备，这些东西总会出现在某个地方——要找到它们，只需要自由的天空和拍动翅膀的决心。

热爱逝去之事也是日光之下的新事，还不被大多数人和所有的鸽子所了解。将美洲视为历史，将命运想象为将来，穿越静静流逝的时光去嗅闻一株山核桃——所有这些，对我们来说都是可能的，要实现它们，也只需要自由的天空和拍动我们的翅膀的决心。其中藏着我们优越于鸟兽的真实凭据，而非布什先生的炸弹和杜邦先生的尼龙。

Flambeau
弗兰博河

从未在狂野河流上划独木舟，或是只在船尾向导的陪伴下划舟的人，总难免将独木舟旅程的价值归结为满足好奇，外加健康的运动。我也曾经如此，直到在弗兰博河上遇到了两名大学生。

收拾过晚餐餐具，我们坐在河滩上，看对岸的一头雄鹿低头吃水生植物。很快，雄鹿抬起头，笔直竖起耳朵，旋即奔向它的藏身之处。

就在这时，河湾上转出了令它惊慌的源头，那是两名男孩，驾着一艘独木舟。他们看到了我们，靠近岸来打招呼。

"几点了？"是他们的第一个问题。他们解释说，两人的手表都停了，平生头一回，没有钟、汽笛或是收音机可供他们对时。两天以来，他们靠看"太阳钟"度日，并为此紧张兴奋不已。没有仆人为他们端上饭菜——他们得从河里觅食，要么就空着肚子走。没有交通警察吹哨子警告他们避开前方急流里的暗礁。没有友善的屋顶让他们在错估扎营时机后保持干爽。没有向导告诉他们，哪片营地整夜有微风吹拂，哪片得通宵忍受蚊子叮咬之苦，哪种木头烧起来干净利落，哪种只会冒烟。

在年轻的冒险家们告别驶向下游之前，我们得知他们俩都将在这趟旅程结束后，参军入伍。现在，旅行的动机很清楚了。这趟旅行是他们第一次品尝自由的滋味，也将是最后一次。这是穿插在校园与军营两大纪律阵营之间的幕间曲。荒野旅行最根本的要义在于刺激，不是因为新奇，而是因为它们代表着可以犯错的绝对自由。荒野依照他们行动的明智或愚蠢施予奖惩，让他们第一次品尝到这样的滋味，这是每一位樵夫每一天都要面对的，却也是现代文明修筑起一千个缓冲带以求避而远之的。这些男孩在这特别的感受中"做自己"。

也许每个年轻人都需要偶尔来一段荒野旅行，只为了解这份特殊的自由所蕴含的深意。

当我还是个小男孩时，父亲总是用"几乎像弗兰博河一样"来形容所有值得造访的露营地、钓鱼处和树林。等到终于在这条传说中的河流上独自放舟时，我发现，作为一条河流，它无可挑剔，可作为荒野，它却已奄奄一息。崭新的小别墅、度假村和公路桥将延绵的荒野切成了越来越细小的碎片。在弗兰博河上顺流而下，变成了两种观感在心理上不断地相互交替摧毁：你刚刚有了几分身在荒野的感觉，立刻便冒出一个码头冲入视线，随后，很快就能与岸边某位农舍主人种下的芍药花擦身而过了。

稳稳划过了那些芍药，一只徘徊在岸边的雄鹿帮助我们回想起荒野的气息，直到下一处急流补全整幅图画。但在下游的宽阔水面边，注视你的又将是一座人工味道十足的小木屋，有着复合材料的屋顶、"休息一下"的招牌和消磨午后时光的乡村凉亭。

保罗·班扬太忙了,无暇考虑子孙,但他若是曾经想过要保留一块地方让子孙后代能看看古老北部森林[78]的模样,一定会选择弗兰博河,因为最好的北美乔松和最好的糖槭、黄桦和铁杉都生长在同一片土地上。无论过去还是现在,这样丰富的针叶、阔叶混交林都是难得一见的。阔叶树享有的土壤比松树通常得到的更加肥沃,弗兰博河的松树生长在阔叶林地里,如此高大珍贵,如此靠近一条适合输送原木的河流,以至于它们很早就遭到了砍伐,它们巨大的树桩用腐烂程度讲述着这一切。只有不够完美的松树得以幸免,好在活到今天的松树还很多,它们竖起一座座绿色的纪念碑,纪念逝去的岁月,勾勒出弗兰博河上方的天际线。

阔叶树遭到砍伐要晚得多。事实上,最后一家大型硬木公司拆掉它最后一段木料运输铁路也不过是十年前的事。到今天,那家公司只留下了一个"土地开发办公室",孤零零站立在鬼镇[79]上,向满怀希望的移居者兜售那被砍伐殆尽的光秃原野。就这样,美国历史上的一个时代逝去了,那是一个砍光伐尽后便转身离开的时代。

就像在游人散尽的露营地里翻找垃圾的郊狼,后伐木经济时代的弗兰博河依靠它自己过去的残留而活。被称为"流窜者"的伐木短工为了伐取纸浆原材料,在残枝败叶中搜寻侥幸逃过大伐木风潮的小铁杉。一组带着便携锯木设施的家伙在河床上寻找沉木,许多木头都是在那原木顺流飞驰的光辉日子里沉入河底的。这些裹着河泥的沉木被拖上河岸,一排排堆在过去的林场上,所有木头都完好无缺,有的甚至很值钱,因为今天的北部森林里已经没有这样的松树了。砍伐树干做标柱灯杆的人扫荡了沼泽上的北美香柏，鹿紧随他们左右，等待树木倒下后大嚼树梢的叶。万事万物都靠过去的残留生存。

所有扫荡工作都进行得如此彻底，以至于当人们建造现代村舍小木屋时，使用的竟是仿原木的胶合板，它们出产自爱达荷或是俄勒冈，乘着大卡车被拖到威斯康星的森林里。若用"运煤到纽卡斯尔"[80]这条人尽皆知的谚语来形容弗兰博河，倒还算是客气了。

但是，河流还在，从保罗·班扬的岁月到现在，还有些东西几乎不曾改变。凌晨时分，当汽船还在沉睡，人们仍旧能够听到河流在荒野里歌唱。州立土地上还有几片幸运的树林未曾遭到砍伐。为数不少的野生动物也活了下来：大梭鱼、鲈鱼和鲟鱼在河中游来游去，棕胁秋沙鸭、北美黑鸭和林鸳鸯在泥沼中繁育后代，鱼鹰、雕和渡鸦在天空盘旋。鹿随处可见，也许有点太多了——我在短短两天的漂流里见过足足五十二头。一匹或是两匹狼仍在弗兰博河上游逡巡嗥叫，一名陷阱猎人号称看到过一只貂，尽管自一九○○年以来，弗兰博河流域就再也没有出产过貂皮了。

围绕着这些荒野的残留，州环保局从一九四三年开始划定了五十英里的河段用以重建荒野，好为威斯康星的年轻一辈提供服务和消遣。这段荒野流域设在一片周正的州立森林中，但河岸边不会开发林业，而且会尽可能减少道路的修筑。缓慢而耐心地，环保局一点点将时钟往回拨，购买土地，移除乡间别墅，截断不必要的道路，有时花费不菲，竭尽全力向最初的荒野退去。

过去，肥沃的土壤曾让弗兰博河上长出最好的软木松，任保罗·班扬采伐，一如近几十年来滋养着腊斯克县，令乳业得以萌芽。牧场主们想得到更便宜的电力，于是抛开本地电力公司，创立了自己的农村电力联营公司[81]，并在一九四七年提出了修建水电站的申请。如果电站开始修建，正逐步恢复成为适合独木舟漂流的五十英里荒野流域必将遭到斩尾截流。

这是一场激烈尖锐的政治博弈。立法部门对来自农民的压力很敏感，却完全无视荒野的价值，不但批准了农村电力的建站申请，更剥夺了环保委员会再次发声的权利，禁止他们对电站选址地区的处置提出异议。看起来，和这个国家里所有其他的荒野河流一样，弗兰博河上仅存的独木舟水域最终也将为能源开发所驭。

也许，我们的孙子将永远无缘得见荒野之河，也将永远错失在歌唱的流水上驾驶独木舟的机会了。

伊利诺伊州和艾奥瓦州　Illinois and Iowa

Illinois Bus Ride

伊利诺伊的巴士之旅

　　一名农夫和他的儿子在院子外，正拉动横锯切进一棵古老的三角叶杨。树那么大，那么老，连锯片都只剩下了一英尺的空间可供来回拉扯。

　　曾几何时，这棵树是茫茫草海中的航标。乔治·罗杰斯·克拉克[82]也许曾在树下扎营；野牛也许曾在树荫里午睡，甩动着尾巴驱赶蚊虫。每年春天，它为拍打着翅膀的鸽子提供栖所。除了州立大学，它就是最好的历史博物馆。然而，它也会散播飞絮，每年一次，塞住农夫家的窗纱。事有两面，可只有后者是重要的。

　　州立大学告诉农夫，榔榆不会堵塞窗纱，所以比三角叶杨更好。同样的断言还出现在樱桃酱、布鲁氏菌病[83]、杂交玉米和农舍美化上。关于农场，他们唯一不知道的就是，它们从何而来。他们的任务只是确保伊利诺伊适合种大豆。

　　我正坐在一辆时速六十英里的巴士里，脚下的公路最初是为马和双轮马车修筑的。水泥长条拓宽了又拓宽，直到田地的篱笆几乎翻倒在路堑里。在光秃秃的路堤和倾斜的篱笆之间，纤长的一线草皮上生长着曾经的伊利诺伊——草原。

巴士里没有其他人留意到这些遗址。一名忧虑农夫的衬衫口袋里露出了肥料账单的一角，他两眼放空，望着羽扇豆、胡枝子或是赝靛草——最早正是它们从草原的空气中汲取氮，送入他肥沃的田园黑土地。它们混在暴发户般的偃麦草里，他没有认出来。如果我问他，为什么他的玉米产量能达到一百蒲式耳[84]，而其他没有草原的州却只能收获三十，他或许会回答，因为伊利诺伊的土地更好。如果我问他，盘绕在篱笆上那豌豆模样的细长白花是什么，他多半会摇摇头。杂草吧，大概。

一片墓地闪过，灰白紫草照亮了它的边界。其他地方都没有紫草了，假蒿和加拿大莴苣取代了它，负责为现代风景涂抹黄色。紫草只能与逝者相伴。

车窗敞开着，我听见了一只高原鹬振奋人心的叫声。曾几何时，它的祖先跟随野牛左右，野牛在及肩的深草中跋涉，穿过无边的花园，那盛放的花朵早已被遗忘。一个男孩找到了那鸟儿，对他的父亲说：那儿有只沙锥。

路牌上写着："你即将进入绿河水土保护区。"小一些的字是合作者列表——字太小了，坐在开动的巴士上根本看不清。那必定是个环保知名人士的花名册。

路牌刷写得干净利落，立在一块溪谷草地上，草很短，简直可以在上面打高尔夫。旁边有一个优雅的弯，那是溪流曾经的河床。新掘出的河床笔直得像把尺子——它被县里的工程师"拉直了"，为的是让它流淌得更快些。远处的山坡上实施了带状耕作，拉出了弯曲的波浪——它们被水土流失治理工程师"拗弯了"，为的是让水流得更慢些。水肯定已经被这么多的建议给弄糊涂了。

这片农场里的一切都等同于银行里的存款。农庄建筑处处可见新刷的油漆和钢筋水泥。谷仓上的日期纪念着它的创建者。屋顶上支棱着避雷针，风向标刚刚镀上了一层金色，得意扬扬的。就连猪，看起来也都富有得很。

林地里的老栎树倒是没有问题。这里没有树墙，没有灌木丛，没有篱笆或其他无能的管理迹象。玉米地里有肥壮的犍牛[85]，不过多半没有齿龈。篱笆立在狭窄的草皮带上，无论当年贴着铁丝网扶犁耕地的人是谁，嘴里一定都念叨着"积少成多，勤俭持家"。

溪谷草地上，洪水留下的垃圾高挂在灌木枝头。溪岸荒芜残败，伊利诺伊就这样一块块崩蚀脱落，流向海洋。洪水扔下携带不走的淤泥，一丛丛三裂叶豚草标记出它们的位置。那么，究竟谁是富有的？富有了多少时候？

公路伸展开去，像是抻紧的卷尺，穿过玉米地、燕麦田和苜蓿场；巴士刷出庞大的里程数；乘客们滔滔不绝地谈天说地。说什么？棒球、税务、女婿、电影、汽车，甚至葬礼，却丝毫不曾提起正从疾驰的巴士车窗旁飞掠而过的，那有如海啸浪涌般起伏的伊利诺伊。伊利诺伊没有起源，没有历史，没有浅滩或深渊，没有生与死的潮起潮落。对他们而言，伊利诺伊只是一片海洋，他们航行其上，驶向未知的港口。

Red Legs Kicking
红腿踢蹬

每当回想起最初的印象，我都不免疑心，通常被称为"成长"的那个过程是否其实是"衰退"的过程，被成年人视为孩子们所缺乏而加以夸耀的种种经验，是否其实是生活琐事对精华的一次次稀释。最起码，有一点是确定无疑的：对于野生生物和它们猎食追捕的情形，我最初的印象始终鲜明如一，画面、色彩、气氛无不栩栩如生，半个世纪的专业野生物研究经验既没有将它们冲淡，也不曾有分毫增强。

和很多心怀抱负的猎手一样，我很小的时候就得到了一把单筒霰弹猎枪和猎兔子的许可。一个冬日的星期六，我正朝着最喜欢的兔子出没地走去，半路却发现，冰雪覆盖的湖面上出现了一个小小的"气窗"，在那里，一架水车将岸上温暖的水送进湖里。所有野鸭都早早飞到南方去了，可彼时彼景之下，我做出了生平第一个鸟类学推测：如果这个地区还留有一只野鸭，它早晚会到这个冰窟窿来的。我强自按捺住对兔子的渴望（在那个时候绝非易事），坐在冰冻沼泽那冰冷的水蓼丛里，等待着。

我等了整个下午，每一只乌鸦飞过，每一声劳碌风车的叹息飘过，天气就更冷一些。到最后，太阳开始落山了，一只北美黑鸭从西面只身而来，甚至没有绕个圈探查一下冰窟窿，就收起翅膀一头扎了下去。

我早已忘记了开枪的情形，只记得那一刻无以言表的喜悦，我的第一只鸭子，砰的一声跌落在白雪覆盖的冰面上，躺着，肚皮朝上，红色的腿踢蹬着。

当父亲把这杆枪交给我时，他说，我也许能用它打到灰山鹑，可是大概没办法打到树上的山鹑。我已经长大了，他说，可以学着打飞禽了。

我的狗很擅长将灰山鹑赶到树上。放弃十拿九稳的树间射击，选择希望渺茫的逃鸟追击，这是我的第一堂狩猎伦理守则课。和一只落在树上的灰山鹑比起来，魔鬼与他的七个王国也算不上什么。

我的第二个灰山鹑狩猎季就要结束了，却还一片羽毛都没打下来过。一天，我正穿过一片颤杨树丛，一只大灰山鹑高声叫着从我的左边蹿起，直飞到树梢顶上，横掠过我的身后，拼命冲向最近的香柏沼泽地。那是灰山鹑猎手梦寐以求的情形，最好的狩猎机会。最后，在一片飘然洒落的羽毛和金黄树叶中，那鸟儿翻滚着跌落，死去。

直到今天，我还能描摹出当时的情形，每一丛红的草茱萸、每一株蓝的紫菀，点缀在布满苔藓的地面上，我的第一只飞翔的灰山鹑就躺在那里。我疑心，如今自己对草茱萸和紫菀的喜爱正是源于那一刻。

亚利桑那州和新墨西哥州　Arizona and New Mexico

On Top
云霄

当我第一次在亚利桑那长住时，白山[86]还是骑马人的天下。除了少数几条主路，其他地方都太荒凉崎岖，没有马车能够通行。那时没有汽车。地方太大，也没法徒步旅行，就算是牧羊人也不行。就这样，那片被称作"云霄"的郡县大小的高原便成了骑马人的专属地——骑马的牛仔、骑马的牧羊人、骑马的林务官、骑马的陷阱猎人，还有那些总是出现在边界线上的无名骑马者，不知来自何处，去往何方。这一代人很难理解那种基于交通条件的地域"贵族统治"。

坐上火车往北走两天就能到达的城镇里是不会有这种事的。在那里，有各种旅行工具可供你选择：皮鞋、驴子、牧牛的马、平板马车、货车、守车或是铂尔曼豪华卧铺[87]。每一种交通方式都对应着一个社会阶层，每一个阶层成员都说着特别的语言，穿着特别的衣服，吃着特别的食物，光顾不同的社交场所。他们仅有的共同点，就是都有在杂货铺赊账的民主权利，都享有亚利桑那尘埃与亚利桑那阳光组成的公共财富。

当人们穿越平原和台地，继续向南前往白山，各种专属的旅行方式都不再可行，这些社会层级也就随之一一剥离，直到最后，抵达"云霄"，骑马人的王国。

显然，亨利·福特的发明摧毁了这一切。时至今日，飞机甚至已经可以将每一位汤姆、迪克和哈利[88]送上蓝天。

冬季里，就连骑马人也被山顶拒之门外，因为高山草甸上堆起了厚厚的积雪，上山必经的小山谷也被大雪填平。五月到来时，每一条山谷里都奔涌着一道咆哮的冰流，不过很快你就可以"登顶"了——只要你的马有勇气在及膝的泥泞里跋涉半日。

每年春天，山脚下的小小村庄里都会展开一场心照不宣的比拼，看谁能第一个攻上高处的荒寂之野。我们中许多人都努力过，从未停下来细想原因何在。传闻总是跑得飞快。无论是谁，只要第一个登顶，就能赢得属于骑马人的荣光。他就是"年度男子汉"。

虽然故事书上写的完全是另外一回事，但山上的春天并不是一夜间到来的。和暖的天气总与寒风交替出现，哪怕是在绵羊都已经爬上山头之后。我几乎没见过比了无生气的阴郁高山草甸更寒冷的景象，冰雹与春雪噼啪落下，叫苦连天的母羊和冻得半僵的小羊零落四散。就连闹腾的北美星鸦也会在春日的风暴里缩起肩膀。

夏日的山情绪万千，多得好像山间的日夜与天气一般，哪怕最迟钝的骑手和他最迟钝的马都能打心底里感受到这些情绪。

某个晴朗的清晨，山会邀请你下马，在它鲜嫩的草地和鲜花上打滚（如果没拉紧缰绳，你那更加无拘无束的马儿必定早就这么做了）。每一个生灵都在歌唱，吱喳啁啾，抽枝发芽。高大的松树和杉树在风雪中摇荡了数月，如今昂然傲立，沐浴着阳光。缨耳松鼠长了一张扑克脸，声音和尾巴却露了声色，坚持着要把你已经完全明了的事说给你听：过去从未有过这样难得的美好一天可以消磨，从未有过这样富饶的一处荒野可以安享。

一个小时之后，雷暴云砧[89]遮蔽了太阳，你先前的天堂正在将至的闪电、雨水和冰雹面前瑟缩退却。黑云静静低垂，像是一枚已经点燃引信的炸弹，悬在半空。每一块圆石滚过，每一声细枝折响，你的马都会惊跳起来。当你转身取下马鞍上的雨衣，它闪缩退避，喷着鼻息，颤抖着，仿佛你将要打开的是一卷天启谕示。到现在，每当听到有人说他不怕闪电，我就会暗暗心想：他从没在七月的山里骑过马。

风雨大作已经够可怕，更可怕的是，闪电插入山石，碎石冒着烟呼啸着划过你的耳畔。同样更可怕的还有被闪电炸开的松树碎片。我还记得一片闪着微光的白色松木碎片，足有十五英尺长，竖直着深深插进我脚边的泥土里，嗡嗡作响，就像一枚音叉。

若是从来不知惊怕，人生该是多么贫乏可怜。

山顶是一片壮阔的草地，骑着马走上半天才能穿越。但不要把它想象成一个简单的圆形剧场，只有青草铺地，松树为墙。草地边缘是无数深的浅的山凹、短的长的凸崖和半圆的正圆的平谷，蜿蜒缠绕，翻卷差互，每一个都独一无二。没人能将它们统统知晓，每天的策马缓行都是一次发现新大陆的押注机会。我说"新"，是因为当走进某个鲜花盛开的山坳时，你常常会有这样的感觉：如果有人曾经造访这里，他一定一定会为之赞颂歌唱，或是写下诗篇。

这种"今天会有不可思议的新发现"的感觉或许能够解释，为什么每一处山间营地里坚韧的颤杨树皮上都被刻下了那样多的缩写首字母、日期和牲口火印。无论什么时候，人们都可以透过这些铭文读到这种人属得克萨斯生物的历史与文化，靠的不是冷冰冰的人类学分类，而是某一位开荒拓土的父亲闯下的功业，他的儿子或许曾在马匹交易中赢了你，他的女儿或许曾与你共舞。这里简简单单刻着他的姓名首字母，时间是十九世纪九十年代，没有火印，毫无疑问，那时他还是个流浪牛仔，第一次孤身来到这座山上。下一个标记出现在十年之后，姓名缩写旁多了火印，说明那时候他已经定居下来，靠着节俭与点滴积累，或许还有一根灵巧的套索，积下了一副"身家"。再下一个印记不过是几年之后的事，你会看到他女儿的姓名缩写，一个满怀倾慕的年轻人刻下了它，他不只渴望牵起那姑娘的手，还渴望在经济上有所收益。

这位老人如今已经过世。晚年里，只剩下银行户头和牛羊数目能让他激动。可颤杨告诉我们，当他还年轻的时候，也曾为高山春光而振奋欢喜过。

大山的历史不只写在颤杨树皮上，也留在它的地名里。牛仔之乡的地名可能粗鄙，可能滑稽，可能讽刺，可能伤感，但绝少平庸老套。它们常常精妙含混，足以引外乡来客好奇探问，就这样，各种故事交错汇集，织就了本地的民间传说。

比如，有个地方叫"尸骨场"，是片风光秀美的草甸，蓝色风信子拱悬在半掩的头骨和四散的骸骨之上，那都是死去已久的奶牛。就是这里，曾经有一个笨牛仔在十九世纪八十年代来过，他刚刚离开得克萨斯温暖的山谷，受了夏日高山的迷惑，想要靠山上的干草放牧牛群过冬。待到十一月风暴来袭，他和他的马勉强逃了出来，牛群却没能脱困。

又比如一个名叫"蓝色坎贝尔"的地方，就在蓝河[90]上游，早年曾有一位农场主将新娘带到了这里。这位新娘厌倦了山石和树木，渴望拥有一架钢琴。钢琴如期而至，那是一架坎贝尔钢琴[91]。全县只有一头骡子驮得动它，也只有一名赶车人有能力稳住这样一个庞然大物，完成那近乎超人的任务。钢琴还是没能成功运抵，新娘跑了。当我听到这个故事时，那间农场小屋已经橡倾梁颓，只剩下一堆废墟了。

还有"菜豆沼泽"，一片松林环绕的湿地草甸，我住在那里时，树下有个小木屋，任何过往的人都可以在里面过夜歇息。木屋主人应当在屋里备好面粉、猪油和菜豆，过路人应当尽可能补足库存，这是不成文的规矩。曾有过路人被暴风雨困在这里整整一个星期，却不走运地只找到了豆子。这一次有悖好客风俗的事就这么借着地名"彪炳史册"了。

最后，还有个"天堂牧场"，一个在地图上看来平平无奇，经过漫长艰苦的马背之旅抵达时却大有乾坤的地方。它深藏在一座高峰背后，就像任何一个真正的天堂该有的样子。一条流水潺潺的鳟鱼溪蜿蜒穿过青翠的草地。马儿只要待上一个月，就会肥到雨水都能在马背上积出小水洼来。我第一次来到天堂牧场时就对自己说：你还能给它起出怎样的名字呢？

除了几次机缘巧合之外，我再也没有回过白山。无论那里已经或是即将出现怎样的游人、道路、锯木场和伐木铁轨，我都宁愿看不见。当我第一次安然熬过"云霄"的风暴时，有的年轻人还没有出生，我听到过他们的惊叹，称之为"绝妙的地方"。对此，我有保留地表示赞同。

Thinking Like a Mountain
像山一样思考

低沉桀骜的叫声响起，从一处悬崖到另一处悬崖，依山滚滚而下，渐渐没入深夜辽远的黑暗中。那是野性的哀伤在喷涌，带着指向世间一切不幸的蔑视。

每一个生灵（或许还有许多亡魂也在其列）都向着这呼喊竖起了耳朵。对鹿来说，这是血肉险途的警报；对松树来说，这是午夜混战和雪地鲜血的预言；对于郊狼，是碎骨残渣将至的承诺；对于牛仔，是银行赤字的警告；对于猎人，是尖牙对子弹的挑战。然而，除却这一切清清楚楚、近在眼前的希冀与恐惧，这叫声还有更深的意味，只有大山自己明了。只有山活得够长久，才能平心静气地倾听灰狼的嗥叫。

不过，那些听不懂言外之意的生物同样知道它的存在，因为只要置身灰狼的领地，就能清楚地感觉到它的存在，与任何其他地方都不同。所有在夜里听到狼嚎的人，所有在白天见过它们脚印的人，无不为之心惊胆战。就算是不曾看到也不曾听见，仍然有成百的小细节会向你暗示灰狼的存在：午夜里驮马的嘶鸣、山石滚落的咕噜声响、鹿儿的惊跳奔跑、云杉下阴影的模样。只有没受过教训的新手才察觉不到灰狼出现或存在的痕迹，察觉不到群山对它们持有隐秘的观点。

我本人之所以坚信这一点，缘由要追溯到亲眼看到一匹灰狼死去的那天。那时我们正在一处高崖上吃午餐，悬崖脚下，一条湍急喧腾的河流正好转了个弯。我们看到一只动物涉水穿越急流，白色浪花打在它的胸口，还以为是母鹿。直到它爬上我们这一侧的河岸，抖了抖尾巴，我们才意识到弄错了——那是一匹灰狼。另外又有半打的狼从柳树丛中蹿出来，欢喜地迎接它，摇着尾巴，嬉闹扑打，很明显，都是些刚长大的小狼崽子。毫不夸张地说，那就是实实在在的一堆狼，在我们悬崖脚下的开阔地正中心里扭打翻滚。

那时候我们还从没听说过有狼不打的事。只一瞬间，我们全都冲着狼堆开了火，但更多的是兴奋，并不追求精准——事实上，该怎样朝笔陡的山下瞄准射击始终是个难题。等到我们打空了来福枪，老狼已经倒下，一头幼崽拖着一条腿闪进了无路的碎岩堆里。

我们来到老灰狼身边，还来得及看着它眼中那狂暴的绿色火焰一点点熄灭。就在那时，我意识到，并且从此明白了，那双眼睛里有着某种东西，某种只有它自己和大山懂得的东西，是我不曾知晓过的。那时我还年轻，心里充满了扣动扳机的渴望：我以为，少几匹狼就意味着多几头鹿，没有狼就意味着猎人的天堂。可看过了那绿色火焰的熄灭，我感觉到，无论狼还是大山，都不同意这样的观点。

自那之后，我眼睁睁看着一个又一个州将灰狼灭绝。我看过许多无狼高山的新面孔，看过大山南坡上新鹿刻下纵横交织的道道皱纹。我看见所有可食的灌木和树苗遭到啃咬，因为营养不良而停止生长，继而死去。我看见每一棵可食用的树都被啃秃了树叶，直到叉角无法企及的高处。这样的山，看起来就像是有人给了上帝一把新的园丁剪刀，除了修剪，禁止他做任何事。到最后，满怀期望的鹿群因为自身数量太多而死去，饿殍累累，或是在死去的三齿蒿的陪伴下化为白骨，或是在高耸的刺柏树下腐烂朽败。

如今想来，我怀疑，就像鹿群生活在对身边狼群的刻骨恐惧下，大山也生活在对山间群鹿的刻骨恐惧之下。或许后者的恐惧更甚。毕竟，一头鹿被狼群吃掉，只消两三年便能有新的一头来取代它，可若是一段山脉被太多的鹿毁掉，也许花上两三个十年都无法恢复。

牛群亦如是。杀光了周遭野狼的牧场主不知道，他正在夺过狼的担子，从此得自己考量环境，控制畜群规模。他还没有学会像山一样思考。从此以后，我们拥有了沙尘暴，河流翻涌着将未来冲进大海。

我们全都在为安全、幸福、舒适、长寿和平淡无波而努力奋斗。鹿倚仗它们灵活的腿脚而努力，牧场主倚仗陷阱和毒药努力，政治家靠的是笔，而我们大多数人，靠的是机器、选票和钞票。无论如何，它们都指向同一件事：有生之年的和平与安宁。在这个范畴内，一定程度上的成功就足够了，大概这也是客观思考所需要的，在长远看来，过多的安全似乎只能带来危险。"世界的救赎在乎荒野"，梭罗[92]留下了这句名言，意义或许就在于此吧。狼嗥的含义，那群山早知而人类罕有领悟的深意，或许也在于此。

Escudilla
埃斯库迪拉

亚利桑那的生活是有界的：下至脚下的格兰马牧草，上至头顶的蓝天，远至地平线上的埃斯库迪拉山[93]。

在山的北面，你策马行走在蜜色平原上。无论何时何地，抬头就能看到埃斯库迪拉。

往东，你将在一片令人晕头转向的繁茂森林台地上穿行。每一处谷地看起来都像是独属于自己的小天地，阳光遍地，刺柏芬芳，蓝头鸦唧啾轻唱，一派惬意安闲。可只要登上山脊高处，你便立刻化为无边广袤之中的一粒尘埃。在那无边广袤的边界上，高耸着埃斯库迪拉。

朝南，是错杂纵横的蓝河河谷，遍地白尾鹿、野火鸡和撒欢的牛。当你错过一头漂亮的雄鹿，眼见它跳跃着挥别你越过天际，你低头想看个究竟，却看到了远处的青峰：埃斯库迪拉。

西面，阿帕奇国家森林[94]绵延如巨浪翻涌。我们在那里巡查木料产量，按照四十乘四十英寸的规格，将高大的松树转换成笔记本上代表木料堆的估算数字。巡林人气喘吁吁地在峡谷中攀缘而上，感到了一丝异样的不协，笔记本上的标记符号是那么遥远，而汗湿的手指、洋槐的尖刺、鹿虻的叮咬和喋喋不休的松鼠却近在眼前。可是，只要登上下一道山脊，一阵冷风呼号着掠过绿色松涛，便吹散了他的疑虑。遥远的松涛彼岸之上，高悬着埃斯库迪拉。

山不但界定了我们的工作和娱乐，甚至也约束着我们享受大餐的欲望。冬日黄昏里，我们常常埋伏在河滩边，试图抓到一只绿头鸭。谨慎的鸭群在空中绕着圈，穿过玫瑰色的西边，掠过铁青色的北边，然后消失在埃斯库迪拉墨一般的浓黑中。如果它们再次拍着翅膀出现，我们就能为荷兰锅[95]里添上一只肥公鸭。如果它们不再出现，就又只有培根和豆子可吃了。

事实上，只有一个地方看不到天际线上的埃斯库迪拉，那便是埃斯库迪拉自己的山巅上。在那里，你看不到这座大山，却能感觉到它。原因就是，大熊。

老"大脚"[96]是位强盗男爵，埃斯库迪拉就是它的城堡。每年春天，当和风化去冬雪的踪迹，老灰熊钻出了它安在岩石峭壁中的冬眠巢穴，来到山下，找准一头奶牛拍碎它的脑袋。饱餐一顿后，它爬回到它的峭壁上，靠旱獭、兔子、浆果和草根安安静静地度过整个夏天。

我曾经见到过一次它的杀戮成果。那奶牛的头和脖子一片稀

125

烂，就像迎头撞上了飞驰而来的货车似的。

从来没有人见到过那头老灰熊，但是在泥泞的春天里，你能在靠近悬崖脚下的地方看到它那不可思议的足迹。这些脚印能让最顽强的牛仔都感到害怕。无论走到哪里，牛仔都能看见大山，每当看见大山，他们就会想起熊。篝火旁的闲聊绕不开牛肉、畜栏和熊。"大脚"一年只要求一头牛，外加几平方英里的荒凉岩石，但它的名头响彻全乡。

那是进步刚刚来到牛仔之乡的时候。进步拥有各种各样的使者。

最早开着汽车横穿大陆的人算一个。牛仔们理解这位开路者，他和驯服野马的开路者一样，总是谈笑风生、夸夸其谈。

牛仔们不懂那位穿黑丝绒的漂亮女士，却还是目不转睛地听她操着波士顿口音来为他们启蒙，谈论妇女选举权。

他们也为电话工程师惊叹，他在刺柏上拉起几根电线，立刻就带来了城里的消息。一位老人问，这电线能为他送一块培根过来吗？

一年春天，进步又送来了另一位使者，一位政府里的猎兽人，穿着背带工装裤的圣·乔治[97]，他拿了政府的经费来寻找恶龙，要将它们杀死。他问道，有什么为害乡里的动物需要消灭吗？有的，那头大熊。

猎兽人备上骡子，整装朝着埃斯库迪拉去了。

一个月后，他回来了，骡子背上驮着一块沉重的兽皮。要摊开晾干它，全城只有一个谷仓够大。他尝试过陷阱、毒药和所有常用的花招，都失败了。最后，他只得把枪架在一条只有熊才能走得过的峡谷里，布好机关等着。那最后的灰熊被绳子绊倒，把自己给射死了。

那是六月。熊皮很脏，破了洞，毫无价值。我们甚至没有让灰熊留下一张漂亮的兽皮来当作这个种族的纪念，这看起来实在是一种轻侮。它唯一留下的，只是国家博物馆里的一个头骨，以及科学家们关于这副头骨的拉丁学名的争论。

只有深思过这些事，我们才会开始想要知道，究竟是谁写下了进步的法则。

从一开始，时间就啃咬着埃斯库迪拉巨大的玄武岩身躯，消耗、等待、建造。时间为这古老的大山留下了三样东西：庄严的外表、小动物和植物的生态圈、一头灰熊。

那位杀死了灰熊的政府猎兽人知道，他为牛群留下了一个安全的埃斯库迪拉。他不知道的是，自晨星同声歌唱以来就开始建造的那座宏伟大厦，已经被他削去了尖顶。

派猎兽人来的局长是位精通进化论"建筑学"的生物学家，可他却不明白，尖顶或许和牛群同样重要。他预见不到，短短二十年后，牛仔之乡就会变成旅游之乡，对熊的需求远甚于牛排。

投票决定拨款灭熊的国会议员们是拓荒者的儿子。他们高歌赞颂荒野开拓者的美德，可他们也在竭尽全力地终结荒野。

我们这些默许了灰熊灭绝行动的林务官都认识一位本地农场主，他耕地时犁出了一把短剑，上面刻着一位科罗纳多殖民指挥官的名字。我们声色俱厉地谴责西班牙人，谴责他们只因为自己对黄金和宗教的狂热就无谓地灭绝了印第安原住民，却从未意识到，我们自己同样是一场侵略行动的先锋官，同样太过于坚信自己的正义。

埃斯库迪拉依然矗立在天际线上，但当你看见它时，再也不会想起熊。现在，它只是一座山。

奇瓦瓦州和索诺拉州 Chihuahua and Sonora [98]

Guacamaja
瓜卡玛雅

研究美的物理学是一门专业学科，属于仍处在蒙昧状态的自然科学。就连能够弯曲空间的操纵者们绞尽了脑汁，也没能解出它的等式。打个比方吧，众所周知，北方林地的秋色是由土地加上一株红色的槭树，再加上一只披肩榛鸡所组成的。按照常规的物理算式，无论以物种数量还是土地产量为参照，榛鸡所占的比重都不过百万分之一。可就算如此，一旦减去榛鸡，所有秋色就全都死了。某种驱动力就此失去，损失无以计量。

那全都只是心理上的损失——这是最容易得出的结论，可是又有哪一个清醒的生态学者会认同呢？他很清楚，这是一场生态的死亡，其中含义是当前的科学所无法解释的。哲学家将这种无法衡量的实质称为实物的本体。它与现象相对，后者是可衡量、可预测的，即便最遥远星辰的闪烁变化也不例外。

榛鸡是北方林地的本体，冠蓝鸦是山核桃林的本体，灰噪鸦是泥炭沼泽的本体，蓝头鸦是刺柏山麓丘陵的本体。鸟类学的课本里没有记录这些事实。我猜它们对于科学来说还太新，虽说在敏锐的科学家眼里，一切都那么明显。尽管如此，我还是要在这里记录下有关马德雷山脉[99]本体的发现：厚嘴鹦哥。

这是个新发现，只因为它的栖息地少有人造访。只要到了那里，除非聋子和瞎子才感觉不到它在大山的生命与风景中扮演的角色。事实上，你很少能在它们出现之前结束早餐，清晨，闹闹嚷嚷的鸟群离开它们悬崖上的栖所，迎着晨光飞上高空，开始它们的早操。就像排列整齐的鹤群一样，它们回环往复，盘旋上下，大声争论一个同样令你困惑的问题——和前一天比起来，这正慢慢爬过一道道峡谷的新的一天，究竟是更蓝、更金光万丈，还是有所逊色？投票打成了平手，鸟儿们三五结伴，飞上高高的山坪去享受它们的开口松子早餐。这时它们还没看到你。

但不消一会儿，只要你开始沿着陡坡离开谷底，某只眼尖的鹦哥或许在一英里外就会发现，一个陌生的生物出现在了通常鹿或狮子、熊或火鸡才能通行的专属道路上。早餐被抛到了脑后。随着一声高呼，整个鸟群都振翅而起，向你冲来。当它们在你的头顶上打着转时，你会无比期望能有一本鹦鹉字典。它们是在问"你跑这儿来有什么见鬼的事"吗？还是说，它们其实是某种鸟类的商会接待组，只不过想确认一下，比起其他时代、其他地方或是其他无论什么，你是否喜欢它们的家乡，喜欢这里的天气、居民和光明的未来？可能是其中之一，也可能兼而有之。这一刻，你脑中也许会闪过一丝悲剧的预感：当道路修通，这闹哄哄的接待组第一次迎接携枪的旅行者时，会发生什么？

它们很快就弄明白了，你是个笨嘴拙舌的家伙，连吹个口哨回应这高山晨间基本的问好仪式都不会。啊，林子里还有很多松果没啄开呢，我们还是回去继续吃完早餐吧！这一次，它们也许会停在悬崖下的某棵松树上，让你有机会悄悄走到崖边向下看。你头一次看清了它们的颜色：绿丝绒的制服配上鲜红镶黄的肩章，戴一顶黑色头盔。它们大声吵嚷着从一棵松树飞到另一棵松树，总是成群结队，成员数目总是偶数。只有唯一的一次，我看到过一群五只鸟儿，或是其他数字，总之不成对。

我不知道，等到成双成对住进巢穴里后，它们还会不会像在这九月里闹腾着欢迎我时一样吵嚷喧闹。但我能确定的是，如果九月的山上有鹦鹉，你一定很快就能知道。作为一名合格的鸟类学家，我无疑应当努力描述它的叫声。那叫声乍一听很像蓝头鸦，但蓝头鸦的歌唱轻柔忧伤，一如它们栖息的山谷中那弥漫的雾霭，而瓜卡玛雅的歌声更响亮，充满讽刺喜剧的尖锐热忱。

有人告诉我，鹦鹉夫妻会在春天时找一棵死去的高大松树，住进树上的啄木鸟洞穴里，暂时离群索居，履行它们种族延续的职责。可什么啄木鸟会开这么大的洞呢？瓜卡玛雅（本地人把这个好听的名字给了鹦鹉）的个头跟鸽子差不多，很难挤进啄木鸟的洞穴。它会用它自己有力的喙做一些必要的扩建工作吗？又或者，它只选啄木鸟的窝——据说它们会在这一带出没[100]？至于寻找答案这项愉快的鸟类学研究工作，就留给后来者去完成吧。

The Green Lagoons
绿色的潟湖

绝不重访旧日荒野也是一种智慧，因为它越是金光闪闪，就越是被人为镀上了金。重返旧地不但会毁了旅行，还会令记忆黯然失色。唯有留存在脑海中的华丽探险才能永远闪亮。因此，自从一九二二年和兄弟一起驾着独木舟探索过科罗拉多河三角洲以后，我就再也没有回过那里。

即便如此，我们还是可以说，自一五四〇年埃尔南多·德·阿拉孔[101]造访此处以来，三角洲已久被遗忘。我们扎营的河口据说就是他的船曾经停靠的地方，可在几个星期的时间里，我们没有见到过一个人、一头牛，没见过丝毫斧头的痕迹或篱笆的影子。有一次，我们经过了一条老马车道，修路人是谁无从知晓，路上的差事大概也不太走运。还有一次，我们发现了一个马口铁罐头，便立刻猛扑过去，像是找到了无价之宝。

三角洲的黎明是在黑腹翎鹑的叫声中降临的。这种鸟儿栖息在牧豆树上，树下就是我们的帐篷。当太阳从马德雷山脉背后探出头来，目光斜跨过上百英里的迷人荒原，俯瞰这环绕着参差峰峦的广阔荒野浅谷。地图上的三角洲被河流一分为二，事实上，河流无迹可寻却又无所不在，因为它无法做出抉择：在这成百的绿色潟湖中，究竟哪一个最美、最舒缓，可以作为入湾的大道。于是它干脆每条路都不放过。我们也一样。它分分合合，兜兜转转；它漫行过绝妙的丛林，几乎绕了一整个圈；它漫不经心地流过小树丛，不小心迷了路，却乐在其中。我们也一样。总而言之，它就是拖延着这入海的旅程，不愿失去身为河流的自由。

"他领我在可安歇的水边"[102]，对我们而言，这原本不过是书中的一个句子，直到我们将独木舟驶入了绿色的潟湖。若是大卫没有写下这样的诗篇，我们定会忍不住吟出属于自己的诗句。宁静的湖水漾出绿宝石般的深邃光辉，我想是水藻为它染了色，即便如此，绿意也无损分毫。牧豆与柳树排成了翠绿的墙，将河道与远处的荆棘荒漠分隔开来。河流每转一个弯，我们都能看到湖上的白鹭，伫立如白色雕塑，与它白色的倒影交相辉映。鸬鹚排着队伸长了它们黑色的头颈，搜捕浮游上水面的鲻鱼；褐胸反嘴鹬、斑翅鹬和黄脚鹬单脚站立在河滩上打着瞌睡；绿头鸭、绿眉鸭和蓝翅鸭惊慌失措地冲天而起。当这些鸟儿飞上了半空，它们便在一小片云朵前整队蓄势，要么盘旋不下，要么突然绕向我们身后。若是一对白鹭选中了远处的某棵绿柳歇息，那情景就像是卷起了一场太过早到的暴风雪。

这么多的禽鸟和鱼儿并非为我们所独享。我们时常看见赤猞猁懒洋洋地趴在一段半浸在水中的浮木上，垂下爪子等着抓鲻鱼。浣熊一家大小摇摇摆摆地逡巡浅滩，大嚼水甲虫。郊狼站在陆地的山头上望着我们，等着过会儿再继续它们的牧豆早餐，我想，大概偶尔也会有伤了腿脚的滨鸟、鸭子或齿鹑给它们换换口味。每片低浅的河滩上都有骡鹿踩出的小路，我们总会细细探查这些鹿径，希望找到任何线索指向这三角洲的霸主，了不起的美洲豹，兽中之王者。

我们没有见到它的巢穴或哪怕一丝毛发，可它的影子却遍布整片荒野——绝无活兽敢忘记它的存在，因为轻忽的代价就是死亡。没有哪一头在灌木丛边徘徊、在牧豆树下驻足啃食豆荚的鹿会忘记随时抽动鼻子，警惕美洲豹的气味。没有哪一丛篝火会在谈论起它之前熄灭。没有哪一只狗能整晚蜷缩安睡，除非是在他主人的脚下，不用说它也明白，那猫科的王者仍统治着黑夜，它们粗壮的脚爪能击倒公牛，它们的利齿坚颌能像铡刀一样切断骨头。

今日的三角洲，对乳牛来说或许是安全了，对探险者来说却是无尽的乏味。免于恐惧的自由[103]已经到来，可绿色潟湖的荣光亦已不再。

当吉卜林[104]嗅吸着阿姆利则的黄昏炊烟时，他本该好好描述一番这绿色地球上的柴薪气味的，因为还没有其他诗人歌咏甚至闻到过这样的味道。大部分诗人一定都是靠无烟煤过活的。

在三角洲，唯一能烧的就是牧豆木，终极的芬芳燃料。被上百次的洪水和霜冻劈开，再被上千个日子的阳光晒干，这虬曲多节的、不朽的古老树木的骸骨散落在每一片野营地上，随手可得，随时准备着将蓝色炊烟送入蒙蒙暝色，让茶壶唱出欢歌，烘一条面包，煎一锅鹌肉，温暖人腿与兽足。如果你傍晚在荷兰锅下填了满满一铲子的牧豆炭，要小心了，直到睡觉之前都不要坐到那块地面上，免得你的尖叫吓着了头顶上睡得正香的齿鹑。牧豆炭有七条命。

我们在玉米带[105]点燃白栎木煮过饭，我们用北部森林的松枝熏黑过水壶盆罐，我们在亚利桑那的刺柏上煎过鹿排，可从来没能见识过什么叫完美，直到我们用三角洲的牧豆炭烤熟了一只嫩雁。

这些雁应当得到最好的烹饪，因为整整一周以来，它们都是胜利者。每天清晨，我们眼看着高声谈笑的雁阵从海湾飞向内陆，很快又飞回去，心满意足而又悄无声息。它们的目标究竟是怎样的绿色潟湖里怎样宝贵的珍馐？一次又一次，我们随着雁群的去向转移营地，希望能看到它们降落，找到它们的宴会厅。一天，早上八点左右，我们看到雁阵绕了个圈，解散了队伍，侧滑着，槭叶般飘向地面。一群接着一群。终于，我们找到了它们的秘密乐园。

第二天早晨，同样的时间，我们埋伏在一个看似平平无奇的泥沼旁，只是岸边布满了雁群昨天留下的足迹。从营地到这里很远，我们都饿了。我兄弟正准备吃一只冷的烤齿鹑。不等鹑肉送到嘴里，天空中传来的喋喋雁鸣便将我们牢牢定住。那齿鹑被举在半空，等着雁群悠闲地盘旋、争论、犹豫，直到最终降落。枪声响起，齿鹑跌落沙地，我们的美味大雁也躺在了滩涂上，踢蹬着双腿。

更多的雁来了，降落在沼泽里。狗儿趴着，兴奋得发抖。我们悠闲地啃着齿鹑，透过掩体的间隙窥看，听它们闲聊。那些雁正忙着吞食沙砾。一群吃饱离开了，另一群又来了，急不可待地奔向它们美味的石子儿。在那么多绿色潟湖的无数卵石之中，唯有这片湖滩上的最合它们胃口。其中差异值得一只雪雁飞上四十英里专程赶来。也值得我们长途步行而来。

三角洲里绝大多数可供猎取的小动物都数量极丰。在我们扎营的每一处，只要花上片刻工夫举枪射击，就能得到足够第二天享用的齿鹑。要想吃到美味，从牧豆树上栖息的齿鹑到牧豆木上翻烤的齿鹑之间少不了一个穿在绳子上的寒冷夜晚。

所有猎物都肥得不可思议。每头鹿都蓄了一身的脂肪，如果它愿意让我们往它身上倒水的话，那背脊窝里肯定能盛下满满一小桶水。可惜它不让。

如此丰饶的背后，缘由并不难寻。每一株牧豆树和每一株螺丝豆树上都沉甸甸地缀满了豆荚。水退后的泥滩上长满了一年一生的草，随手一舀，稻谷般的草籽就能装满一杯。还有成片成片咖啡豆模样的荚豆，如果你从中走过，口袋一定会被剥出的豆粒塞满。

我记得有一片野瓜地，也许是葫芦，覆盖了好几英亩的泥滩。鹿和浣熊敲开冰冻的果实找籽吃。地鸠和齿鹑在这盛宴的土地上扑腾着翅膀，活像围着烂香蕉打转的果蝇。

我们不能——至少没有——与齿鹑和鹿分享美味，却仍然感受到了它们的喜悦，在这流金淌蜜的荒野里，欢乐如此分明。它们的快乐变成了我们的欢乐，我们一同忘情在这共有的富饶与彼此的安康喜乐之中。在人居的乡野里我无法重温那感觉，那种对于大地的喜怒哀乐的敏锐共鸣。

在三角洲露营谈不上舒适。水是一大问题。潟湖里都是咸水，我们找得到的河流全都混杂了太多泥沙，没法喝。每到一处新的营地，我们都要挖一口新井。可就算如此，大部分的井里仍然只有来自海湾的盐水。我们好不容易才学会了分辨在什么地方能掘出甜水。如果拿不准新井是否可靠，我们就拉着狗儿的后腿放它下去。如果它痛快地喝起来，就说明我们可以把独木舟拖上岸，燃起火堆，扎起帐篷。然后，等到太阳在晚霞中沉入圣佩德罗玛蒂尔山背后，鹑肉在荷兰锅里咕嘟作响时，我们就可以坐下来，与世界共享安宁了。再晚一些，待碗盘洗净，我们一边回顾这一天的经历，一边倾听黑夜的声响。

我们从不为第二天做计划，因为我们已经知道，在荒野里，每一顿早餐开始之前，总有新的诱惑出现，不容抗拒。就像河流一样，我们随意漫游。

在三角洲，按部就班地旅行并非明智之举——每当爬上三角叶杨放眼四望时，我们都会想起这一点。四野如此开阔，几乎让人失去了继续探索的勇气，西北方更是如此，在那里，一道白练横亘于山脉脚下，悬垂在永不消逝的海市蜃楼间。那是大盐漠。一八二九年，就在那里，亚历山大·帕蒂精疲力竭，饱受蚊虫叮咬，干渴而死。帕蒂有个计划，他要穿越三角洲前往加利福尼亚。

有一次，我们计划走陆路从一个绿色潟湖前往另一个更绿的湖泊。看着盘旋的水鸟，我们知道它就在不远处——相距不过三百码，只隔着一片箭草丛林。那是一种矛状的灌木，总是长得挤挤挨挨，密不透风。洪水冲倒长矛，排成马其顿方阵[106]，拦阻了我们前进的道路。我们小心翼翼地退回来，说服自己相信，我们的潟湖无论如何都更漂亮。

陷入箭草方阵的迷宫是件真正危险的事，却从来没人提起过，相反，我们被警告过的危险却从未出现。泛舟越过边境时，我们曾听说过有关突来横祸的悲惨预言。他们说，远比我们小舟更坚固的船只都曾被暴涨的涌潮吞没，水浪高耸如墙，一浪追着一浪，从海湾直扑河道。我们讨论过涌潮，精心制订了绕开它的计划，甚至在梦中见到了它：海豚乘浪高起，海鸥鸣叫着在空中护航。到达河口后，我们把独木舟拴在一棵树上，等了两天，可涌潮让我们大失所望。它没有来。

三角洲里没有地名，我们不得不自己为走过的地方起名。有一个潟湖，我们称它为瑞里托，就在那里，我们看到了天空中的珍珠。那时我们正平躺在地上，享受十一月的阳光，懒洋洋地望着头顶上翱翔的红头美洲鹫。突然间，远在它之上的高空中出现了一圈白色珠点，旋转着，忽隐忽现。很快，一阵模糊的"号角"声告诉我们，那是鹤，正在巡视它们的三角洲，觉得一切都好。那时候我的鸟类学知识还很粗浅，高兴地认为那是美洲鹤，因为它们是那么洁白。无疑，那是沙丘鹤，不过这并不重要。重要的是，最难以接近的、活生生的飞鸟正与我们共享我们的荒野。在永不褪色的遥远时空里，我们和它们找到了共同的家园——我们都回归了更新世。若是可以的话，我们早就高声鸣叫，回应它们的问候了。如今，远隔数年之遥，我还能看见它们静静盘旋的身影。

所有这一切都相隔遥遥，早已远去。我听说，绿色潟湖里如今种上了甜瓜。若真是这样，那味道该是很好的。

人们总是将所爱扼杀，我们这些拓荒者也杀死了我们的荒野。有人说，这是迫不得已。就算是吧。可我还是庆幸自己永远不必在没有荒野的乡间长大。如果地图上连一个空白的点都不再存在，就算拥有四十大自由[107]又有何益？

Song of the Gavilan
加维兰之歌

河流的歌唱通常意味着水与岩石、树根嬉戏发出的声响，意味着急流的旋律。

加维兰河就拥有这样一首歌。那是宜人的乐曲，昭示着翩然起舞的急流和藏在悬铃木、栎树、松树那苔藓覆盖的树根下肥美的虹鳟鱼。它也是切实有用的，哗哗的水声充盈在狭窄的河谷每一处，就连下山来饮水的鹿和火鸡也听不到人的脚步或马蹄声。转弯前要小心观察，或许你会在这里射出一颗子弹，省下了爬上高山草甸的工夫，那是足以让心跳到嗓子眼里去的路途。

水之歌是每一只耳朵都能够听见的，但这些山里别的音乐却并非如此。哪怕只是想听到几个音符，你也必须在这里住上很长时间，还得明了山与河的语言。然后，在一个寂静的夜晚，当营火黯淡，昴宿星攀过山顶的岩石，你静静坐着，等待一头灰狼发出嗥叫，同时艰难地思索你见到的一切，试图理解它们。再后来，你或许就能听到了，那是一种浩大浑然的搏动，它的乐谱刻在一千座山上，它的音符记录着植物与动物的生与死，它的节拍横跨秒与世纪。

每一条河流都有生命，吟唱着属于自己的歌，可大多都被胡乱混入的杂音破坏，变得拖沓冗长。过度放牧首先毁掉了植物，然后是土壤。来福枪、陷阱和毒药跟着扫荡了稍稍大些的鸟类和哺乳动物。下一步，公园和森林带着道路与游客到来了。公园本是为了将音乐带给更多人而建，可当更多人慕名前来聆听时，除了嘈杂，便所剩无几了。

也曾有人类能够生活在河流近旁却不扰乱它和谐的生命之音。那时候必定有数以千计的人生活在加维兰河上，因为到处都是他们留下的痕迹。循着任何一条峡谷里的任何一道水流溯流而上，你都会发现自己正在石头围出的小片梯田或拦沙坝上攀爬，这一段的顶便是下一级的基底。每一座坝的背后都有一小片土地，曾经是田园或花园，仰赖毗邻的陡坡而得到灌溉——雨水沿坡流淌，渗入了地底。在山脊的峰尖上，你或许还能找到瞭望塔的础石地基；就在这山坡上，农夫或许曾守望着他那波点般散布的小块田地。他必定曾从那河里汲取一家人的生活用水。至于家畜，很显然，他一头也没有。他种的什么庄稼？那是在多久以前？仅有的零星线索都只藏在那些活了足有三百年之久的松树、栎树或刺柏里，它们就扎根在他小小的农田中。当然，农田的存在远比最古老的树还要久远。

鹿喜欢躺在这些小小的梯田坝子上。它们提供了平坦的卧床，没有石子儿，铺着栎树叶床垫，挂着灌木床帘。只需一跃，鹿就能越过堤坝，消失在入侵者眼前。

一天，在呼呼风声的掩护下，我从上而下，爬到了一头安卧平坝的雄鹿上方。它躺在一棵巨大的栎树下，树根紧抱着古老的石墙。它的角与耳朵衬在金黄的格兰马牧草上，清晰可辨，草地里生长着一簇簇绿色的龙舌兰。整个场景就像桌上的完美摆设一般和谐。我瞄得太高了，箭在古老印第安人铺砌的岩石上撞得四分五裂。当雄鹿跳跃着冲下山，挥舞着雪白的尾巴对我说"再见"时，我意识到，它和我都是寓言中的角色。从尘土到尘土，从石器时代到石器时代，时空轮回，但追逐永不停止！我射偏是对的，因为，若是现下我的花园有一棵巨大的栎树，我也希望有雄鹿安卧在树荫里的落叶上，猎人们潜行靠近，打偏了，心下好奇，究竟是谁筑起了花园的石墙。

总有一天，我的雄鹿会被一枚.30－.30温彻斯特子弹射入它光滑亮泽的腹部。一头笨拙的犍牛将占领它那栎树下的卧榻，大口咀嚼金色的格兰马草，直到整片土地被野草占据。然后，洪水冲破古老的堤坝，将坝石推到山下游客往来的河岸公路上。而卡车将在古老的小道上搅动尘土，就在那条小道上，我昨天还看到了狼的足迹。

在肤浅的眼睛里，加维兰是一片贫瘠嶙峋的土地，到处都是峻峭的山坡和悬崖，树木都生了太多的节疤没法用来做电线杆或木材，山脉都太过陡峭无法植草放牧。可是古老的梯田开垦者没有被表象蒙蔽，凭借经验，他们知道这是一块将产出乳汁和蜜糖的土地。这些扭结的栎树和刺柏每年都会挂上无数的橡果，让野生动物攫扒寻觅。就像玉米地里的犍牛，鹿、火鸡和西貒耗费时日，将这橡果化作肥美多汁的肉。金黄色的格兰马草摇曳着羽穗，掩藏了一个秘密的地下球茎花园，里面还长着野生马铃薯。剖开一只肥彩鹑的嗉囊，你会发现一个植物标本库，藏品都采摘自你认为"贫瘠"的多岩土地。就是这些植物，为那被称作"动物界"的庞大"器官"提供了初始的动力。

每片区域都有一种人类美食来宣示它的肥沃。加维兰的群山就这样总结出了它们的烹饪要诀：杀死一头橡果喂养的雄鹿，不早于十一月，不晚于一月。将它悬挂在一棵美洲栎上，经过七夜霜冻和七日曝晒。然后，从它的脊背脂肪层下割下一溜半冻的"里脊"，横切成肉排。用盐、胡椒和面粉搓抹每一块肉排。扔进一口荷兰锅里，锅里的熊脂要已经热到冒烟，锅下要有美洲栎的柴炭。肉排刚刚开始变成棕色就该立刻出锅。再往油脂里撒上一点儿面粉，然后是冰冷的水，最后倒入牛奶。至此，将一块肉排放在热气腾腾的比司吉面包上，就着肉汤吃下肚去。

这样一套构造是有象征性的。雄鹿躺在它的高山上，金色的格兰马草就是阳光，流淌过它生命中的每一天，直到最后。

在加维兰之歌中，食物是一个闭合的链圈。当然，我说的并非只是你的食物，而是更广义的：栎树喂养了雄鹿，雄鹿喂养了美洲狮，当美洲狮死去，倒在栎树下，便将生前所获还给栎树，供它结出橡子。源于栎树又复归栎树的食物圈有很多，这只是其中一个。栎树还喂养了松鸦，松鸦喂养了为你的河流命名的苍鹰[108]；此外还有用肉脂让你体胖身壮的熊，为你上过一堂植物学课的彩鹁和整天忙着跟你捉迷藏的火鸡。所有这一切的最终归宿，常常都是为了帮忙汇就加维兰上游的涓涓细流，让它们从阔大高耸的马德拉山脉上再多剥下一粒土壤，去栽培又一棵栎树。

植物、动物和土壤都是宏大交响乐团中的乐器，有人专门负责研究它们的构造。这些人被称为专家。每人选择一样乐器，耗费毕生时间将它拆开，描述它的琴弦和响板。这个肢解的过程被称为研究。肢解的场所被称为大学。

一位专家或许能拨动自己乐器的弦，但绝不会碰别的一下。即便他愿意去聆听音乐，也绝不会允许他的追随者和学生知道这一点。因为一切都受缚于一项铁则，这铁则规定了，乐器的构造属于科学领域，而音律的和谐属于诗的领域。

专家服务于科学，科学服务于发展。它将发展服务得如此好，以至于更多乐器步其后尘，遭到肢解，急急忙忙地将发展散播到所有落后的土地上。一个又一个部件就这样从一首又一首歌里拆解出来。如果有专家能够在乐器彻底分崩离析之前归类好自己那一门乐器，他便心满意足了。

科学向世界贡献道德，一如贡献物质的祝福。它最大的道德贡献就是客观性，或者说，科学的视角。这意味着质疑除了事实之外的一切；意味着坚守事实，让所有碎片各归各位。在科学所恪守的诸多事实中，有一项是认定了的，即每一条河流都需要更多的人，每一个人都需要更多的发明，也就是需要更多的科学；好的生活正是依赖于这条逻辑主链的无限延展。河流上的好生活在于聆听到它的音乐并且留存一些音乐的观点，恐怕就是不为科学所喜的可疑存在了。

科学尚未到达加维兰，所以水獭还在它的水塘里和浅滩里玩耍木头，从它生满青苔的水坝下追赶虹鳟鱼，从来没有想过，有朝一日，洪水将冲垮河堤奔向太平洋，或是有户外游憩爱好者前来，质疑它对于鳟鱼的权利。和科学家一样，它从不怀疑自己对于生命的规划。它坚信，加维兰将永远为它歌唱。

俄勒冈州和犹他州　Oregon and Utah

Cheat Takes Over
雀麦兴起

正如盗贼之间亦有道义，植物和动物的疫病虫害之间也有联手与协作。当一种灾疫前脚被自然的藩篱拦阻，另一种便后脚跟来，向同一道藩篱发起新的进攻，将它撕破。到最后，每一个地区、每一种资源都分配到了一些生态学上的不速之客。

所以，家麻雀因为马匹的减少而数量日减并没有关系，随拖拉机而来的紫翅椋鸟已经取代了它。栗疫病从来没有办法侵入西部边界上的栗树林，接踵而至的荷兰榆树病却能抓住每一次机会在西部边境的榆树林中散播。白松皮包锈病被不见树木的平原阻挡了西进的步伐，便掉头翻越落基山脉，欢快地冲进爱达荷到加利福尼亚之间的大片区域。

生态的偷渡者最初是跟随第一批移民到来的。瑞典植物学家彼得·卡尔姆[109]早在一七五〇年就发现绝大部分的欧洲野草已经在新泽西州和纽约州安家落户。它们飞速扩张，每当居民的犁镐开出一片适宜种植的田地，它们便立刻侵入。

还有到得晚一些的野草，自西而来，发现了成千上万平方英里的温床，那些土地早已被放牧的牲畜纵横踩踏，为迎接它们做好了准备。这类入侵往往蔓延得太快，快到来不及统计：人们在某个晴好的春日早晨醒来，却赫然发现牧场已经被一种新的野草统治。最典型的例子是山中和西北部山麓丘陵地带那毛茸茸的旱雀麦（学名是 *Bromus tectorum*）的入侵。

为避免你对这新添加到熔炉中的材料有任何太过乐观的误解，让我来告诉你，雀麦不是寻常意义上的草，无法造就生机勃勃的草地。在草类家族中，它是那种一年生的杂草，就像看麦娘和马唐草，每年秋天死去，当季或在来年春天重新撒种发芽。在欧洲，它的栖居地是茅草屋顶上腐烂的稻草里。拉丁文里的"房顶"拼作"*tectorum*"，因此它便被命名为"屋顶上的雀麦"。这样一种植物，能够在房屋的屋顶上扎根，也能在广袤大陆肥沃而又荒芜的"屋顶"上生长。

时至今日，西北部山脉侧翼下的山麓丘陵都披着蜜色的衣衫，那颜色不再来自曾经漫山遍野而又茁壮有益的丛生禾草和麦草，而是来自低劣的雀麦，它取代了土生土长的草类。驱车行经的人们为那起伏的波浪啧啧惊叹，目光被引向遥远的高处山峰，却不会意识到发生过这样的更迭。他们不会想到，生态学的香粉已经改换了山丘的肤色，山丘已毁。

物种更迭的原因是过度放牧。当过于庞大的牲畜群踏过山麓，啃尽了草皮植被，就必须得有什么来遮掩失去了土壤的光秃地面。

雀麦履行了这一职责。

雀麦长得挤挤挨挨，每一株都生着许多尖利的须芒，好保护成熟的植株不被吃掉，能够来得及完成孕育传播的工作。要想体验奶牛尝试啃食雀麦时的尴尬，就穿上浅口的鞋子去草地里走上一遭吧。所有在雀麦领地上工作的人都穿着高筒靴。至于长筒袜，在这个地方还是留给汽车踏板和水泥人行道吧。

这些刺芒覆盖了秋日的山麓，给它们披上一床黄色的毯子，和棉绒一样易燃。在雀麦的国度里，完全杜绝火灾是不可能做到的。结果就是，像蒿草和三齿苦树这样硕果仅存的好牧草也被火逼退到更高的海拔上。在那儿，它们作为冬季草料的功用大打折扣。低处的松林外缘在冬季时，能为鹿和鸟儿提供庇护，可如今它们也同样被推到了更高处。

对于一名夏季旅行者而言，几丛山脚的灌木被烧掉似乎只是微不足道的小损失。可他却不知道，到了冬天，大雪将动物逐出高处山坡，逃下山的除了牲畜，还有野兽。牲畜可以有山谷里的农场喂养，可鹿和马鹿就必须在山麓寻找食物，否则只有饿死。冬季的适居带是很狭窄的，越往北，冬季草场与夏季草场的面积落差就越大。因此，这些散布山脚的三齿苦树、三齿蒿和栎树便是整个区域野生动物生存的关键，如今它们的领地却在雀麦大火的威胁下迅速缩减。此外，借由枝干交错的保护，这些星罗棋布的灌木丛往往也是本地多年生牧草求存的庇护所。当灌木被焚烧殆尽，这些仅存的草种也将耗尽在牲畜面前。当狩猎者和畜牧业者还在为谁该首先行动来减轻冬季牧场的负担时，雀麦草却在步步紧逼，留给他们争夺的冬季牧场已经越来越少了。

雀麦引发了许多小麻烦，或许大部分都比不上挨饿的鹿和奶牛口中的雀麦疮来得严重，但还是值得提一提的。雀麦侵占了过去的苜蓿地，降低了干草的品质。它阻断了刚出壳的小鸭子从高处巢穴下到低处水源的生命通道。它入侵了低处的林地外围，困死了松树的幼苗，用随时可能起火的危险威胁着成年的树木。

我亲身经历过一次小小的不愉快，那是在我抵达加利福尼亚北部边境的"入境口"时，一名检疫官员把我的汽车和行李翻了个遍。他十分有礼貌地解释说，加利福尼亚欢迎旅行者，但也必须确保来访者的行李里没有藏着有害的植物或动物。我问他哪些是有害的。他背了长长一串可能威胁菜园和果园的危险名单，却完全没有提到雀麦的黄色地毯——它已经从他的脚下延伸向四面八方，抵达了远处的山麓。

正如鲤鱼、紫翅椋鸟和俄国蓟的情形一样，饱受雀麦困扰的地区也注定要为它找出一两个优点，进而发现这入侵者还是有用的。新鲜发芽的雀麦在整个萌芽期间都是很好的饲料——说不定你午餐享用的小羊排就是吃着春日里柔嫩的雀麦长大的。雀麦还减少了过度放牧通常会导致的水土流失——也正是过度放牧给了雀麦生长的机会。这样的生态死循环，其中是非曲直颇耐寻味。

我仔细倾听，寻找线索，想知道西部是否已经将雀麦草看作了不可避免的天灾，准备与之一同生存下去，直到地老天荒；又或者，它将雀麦视作了一个挑战，立志改正过去在土地使用上犯下的错。可我只看见到处弥漫着消沉无望的态度。在那里，没有因野生动植物保护而生的骄傲，也没有因拥有病弱土地而发的羞愧，至今依然。我们在会议大厅和编辑室里高谈阔论着假想的敌人，可是在过去的四十年里，我们甚至不肯承认手中执有长矛。

马尼托巴省 Manitoba [110]

Clandeboye
克兰德博伊

说到教育，我担心那是一种以对他物视而不见为代价去学会看某一特定事物的过程。

有一样东西是我们绝大多数人都视而不见的，那就是沼泽的品质。我意识到这一点，源于带一位来访者探访克兰德博伊的经历。我将这视为格外的优待，可他唯一看到的只是，与其他沼泽地相比，这里看起来更荒凉，船行其中更费力。

这很奇怪，因为任何一只鹈鹕、游隼、䴙䴘或北美鸊鷉都知道，克兰德博伊是不一样的沼泽。否则它们为什么会优先选择它而不是别的沼泽地？否则为什么它们如此憎恶我侵入它们的这片领地，将这行为视为某种罪大恶极的冒犯，而不是贸然误入的小小过失？

我想，秘密在于：克兰德博伊的与众不同不只在于空间，还在于时间。只有抱着二手史料人云亦云的人才会认为，所有沼泽地里的一九四一年都是同时开启的。对此，鸟儿了解得更清楚。当一队南飞的鹈鹕经过，触到自克兰德博伊冉冉升起的草原气息，它们立刻察觉，这里是一片活在已逝地质年代中的着陆地，一个隔绝名为"未来"的最无情侵略者的庇护所。在奇特而古老的咕哝声中，它们展开双翼，庄重地盘旋而下，投入敞开怀抱迎接它们的旧日荒野。

已经有其他避难者在了，每一个都以自己的方式小憩，在时间的行进中偷偷喘上一口气。加拿大燕鸥像是一群群欢乐的孩子，尖叫声响彻泥滩，似乎从消融冰原上剥落的第一批冰凌里正闪动着它们最爱的美味小鱼的背脊。一列沙丘鹤吹响号角，向一切鹤类所不信任和畏惧的东西发起挑战。一支小小的天鹅舰队优雅地在水湾中静静巡游，为悠然万物的消逝而叹惋。在沼泽注入大湖的湖口上，一只游隼站在被暴风雨吹倒的三角叶杨树冠上逗弄过路的禽鸟。它刚刚饱餐过一顿鸭肉，但将蓝翅鸭吓得呱呱惊叫让它觉得很好玩。早在阿加西湖[1]还覆盖着这片平原时，这便是它的餐后消遣了。

这些野生动物的心思很容易分辨，因为每一个都坦坦荡荡，不加掩饰。可是，在克兰德博伊深处，有一位避难者的心思却是我无从了解的，因为它对任何人类入侵者都避而不见。如果说其他鸟儿通常都很轻易地将信任交付给新来者，那么北美鸊鷉则绝非如此！每一次，我试图悄悄靠近芦苇边缘，收获的却永远只是一朵银亮的水花——它潜入水中，悄无声息地躲进了水湾深处。很快，从芦苇遮蔽的彼岸，它发出了银铃般的清脆叫声，警告所有它的同类。警告什么呢？

我始终无法推测，因为这种鸟儿和人类之间总存在着某些隔阂。我的一名客人在鸟类名录上查了查它的名字，随手就将鹏鹏勾掉了，只用一个象声词草草记录了那铃声般的鸣叫："克瑞克——克瑞克"，还有些诸如此类没什么意义的东西。这位客人没能发现那声音中有比鸟叫更多的东西，其中藏着隐秘的讯息，当它响起，并不是为了让人拙劣地模仿记录，而是期待翻译和理解。唉，我也和他一样，过去没能译出它，没能理解它的意义，至今依然如此。

当春意渐浓，铃铛般的鸟鸣便持续不绝起来，每逢拂晓与黄昏时分，总会在每一片开阔的水面上响起。我猜那是小鹏鹏开始下水操演它们的水上功课，学习父母传授给它们的鹏鹏哲学了。但要想一窥这课堂的场面，却不太容易。

一天，我趴在一个麝鼠窝的淤泥里，全身遮掩妥当，我的衣服吸饱了周遭的色彩，我的眼睛借取了沼泽生物的眼光见识。一位美洲潜鸭妈妈护着它的小鸭子经过，小家伙们鸭喙粉红，蓬蓬的绒毛金中泛绿。一只弗吉尼亚秧鸡几乎擦过我的鼻尖。一道鸊鷉的身影掠过水塘。水面上，一只黄脚鹬欢乐地啭鸣啼唱。这一刻，一个念头闪过我的脑海：当我绞尽脑汁才写下一首诗时，黄脚鹬只要抬抬脚，就踩出了更好的诗句。

一只貂爬上了我身后的水岸，仰起头，嗅闻空气中的气味。长嘴沼泽鹪鹩来来回回不停往返于蘆草丛中的某一点，那里传来了雏鸟的吵嚷。当开阔的水面上冒出一只充满野性的红眼睛时，我几乎已经在阳光里打起瞌睡来了。那是一只禽鸟的头，红眼睛炯炯闪亮。看到一切都很平静后，银色的身体出现了，大小和雁差不多，线条流畅如一枚修长的水雷。还没等我反应过来它究竟是什么时候、从哪儿来的，第二只鹧鹕到了，它宽阔的背上驮着两只珍珠银的幼鸟，耸起的双翅将它们护卫得安安稳稳。就在我屏息的一瞬间，它们转了个弯，消失了。现在，我听到那银铃般的啼叫了，清晰，带着嘲笑，就藏在芦苇丛的背后。

历史感算得上是科学和艺术所能奉献的最宝贵的礼物，我却疑心，鹧鹕虽然两者全无，对于历史却比我们知道得更多。它那迷迷糊糊的原始脑袋对于谁赢了黑斯廷斯战役[112]一无所知，却好似能够明了时间的战争中谁是赢家。如果人类的世系和鹧鹕一般古老，我们或许就能更好地理解它的鸣叫有多么重要。想想看吧，人类文明的短短世代沿袭为我们带来了怎样的传说、骄傲、蔑视和学识智慧！那么，早在人类之前便已存在的鹧鹕又该有着怎样的骄傲啊。

无论如何，依照某个独特权威的说法，鹧鹕的叫声是沼泽地合唱曲的主音和指挥棒。还可能，依照某个更久远的权威的说法，正是它们执掌了整个生态区的管辖权。当水面在漫长的岁月中一点点退向低处，当湖岸的浪头为一片又一片沼泽筑起一处又一处暗礁，是谁在丈量估算？是谁敦促泽米苏铁和藨草履行吸收阳光和空气的日常职责，让麝鼠免于在冬天里挨饿，又是谁令死寂丛林中的沼泽被茎秆覆盖？是谁在白天劝告孵蛋的鸭子要有耐心，又是谁激起暗夜里行劫麝鼠的嗜血渴望？是谁教导大蓝鹭出枪要准，隼出拳要快？只因为我们不曾在所有这些生命完成各自任务时听到教导的声音，便假设它们从未得到指引，假设它们的本领都是天生的，劳作都是自发的，假设野生动物都不知道疲累为何物。或许只有鹧鹕永远不知疲累；或许正是鹬鹛提醒它们，如果大家想要生存，那么每一个个体都必须不停地觅食、战斗，繁育、死去。

曾经遍布伊利诺伊州到阿萨巴斯卡[113]间大平原上的沼泽地如今已渐渐北退。人类无法在只有沼泽的地方生存，因此必须生活在没有沼泽的地方。农田与沼泽地，驯顺与野性，是无法相互容忍、和谐共存的，发展的脚步不允许。

于是，凭借疏浚机和沟渠，依靠瓦管与火炬，我们抽干了水来开辟玉米种植带，现在轮到小麦种植带[114]。蓝色的湖泊变成了绿色的泥淖，绿色的泥淖变成结壳的烂泥地，结壳的烂泥地变成小麦田。

总有一天，我的沼泽也会被排尽抽干，躺在小麦脚下，被遗忘，就像今天和昨天终将在年岁流逝之下被遗忘一样。在最后一条泥荫鱼在最后一片池塘里最后一次甩动尾巴之前，燕鸥将高声向克兰德博伊道别，天鹅将以高贵无瑕的姿态盘旋着飞向天空，而沙丘鹤，也将吹响告别的号角。

Part III: THE UPSHOT

卷三：总结

环境保护美学 Conservation Esthetic

除了爱与战争，极少有什么组织能像被称为"户外游憩爱好者"的群体一般，承担着那样多的热情，容纳着那么多不同的个体，成长为那样一种自相矛盾的混合体，个人欲望和利他主义并存其间。人们都知道，回归自然是好事。可是究竟好在哪里，应该做些什么来鼓励这样的追求？关于这些问题，各家意见莫衷一是，只有最不具批判性的观点才能免于遭到质疑。

"户外游憩"在老罗斯福时代[115]成了一个名实难副的问题。那时候，铁路从城市延伸到乡间，将城市居民成群送进乡村田野。人们开始留意到，出游的群体越庞大，每个人可能享受到的安宁、寂静、野生动植物和风景就越少，想要接触它们就得走上更远的路。

汽车将这一度轻微的、限于局部的窘境带到了更加偏远的地方，一直到平坦大道的尽头方才止步。这使得荒僻土地上的某些曾经随处可见的东西变得罕有起来，但总能找到些什么的。周末旅行者就像太阳发射出的离子一般，以每个城市为中心向外发散，行动过程中产生出热量和摩擦。旅行产业提供膳宿以吸引更多的离子，让他们来得更快，走得更远。有关山岩和溪流的广告向所有人宣布，就在近来已不堪负荷的地方之外，哪里还有新的休憩地、美景、猎场和可供垂钓的湖泊。当局为连接新的腹地修建公路，然后买下更多的荒僻山野与土地，用以接纳循路加速而来的出游者。设备产业缓和了与蛮荒自然的冲撞，木工变成演示工具技艺的存在。如今旅行拖车高踞在俗滥金字塔的塔顶。有人走进丛林和高山，却只追寻普通旅行或高尔夫就能提供的东西，对他们来说，眼下的情形尚可接受。可是，对于寻求更多的人来说，户外游憩已经变成了一个自我摧毁的过程：一直在寻觅，却永远无法真正找到，这是机械化社会中的一大挫折。

荒野在驾车旅行者的进攻下节节败退，这已不是某一个地方的事情了——哈得孙湾、阿拉斯加、墨西哥、南非都已溃不成军，接下来轮到南美洲和西伯利亚了。莫霍克的战鼓[116]如今响彻世界各个角落的河岸。人类不再身处自家的葡萄藤和无花果树下[117]无精打采地工作，他们将无数生灵世世代代努力寻找更美好家园的原动力注入汽车油箱，他们如蚁群般蜂拥来去，从一片大陆奔向另一片大陆。

这便是"户外游憩"——最新的款式。

如今的游憩旅人都是谁，他们又在寻找什么？几个例子能给我们一些启发。

首先，随便找个野鸭栖息的沼泽湿地看上一眼。汽车仿佛栅栏般围着它停了一圈。沼泽外缘的芦苇丛里，每一个狩猎点上都趴着某位社会栋梁，枪已上膛，食指已经迫不及待要扣动扳机去杀死一只鸭子，一旦需要，就绝不顾及任何联邦或共和国的法令。他已膨胀到再也无法压抑他搜罗肉类的欲望了，那是上帝赐予的本能。

在附近林子里游逛的是另一位栋梁，正在搜罗珍稀的蕨类或不曾见过的林莺。因为他这样的狩猎绝少需要偷盗或劫掠，于是他对猎杀者不屑一顾。虽说，他年轻时很可能也曾是其中一员。

不远处的某个度假胜地里还有另一种自然爱好者——会在桦树皮上写下蹩脚诗句的那一种。到处都是这样漫无目的的驾车人，他们的游憩就是对公里数的追求，他们在一个夏天里跑遍了所有国家公园，如今又朝着墨西哥城和更南边的地方奔去。

最后，也有专业人士，借助不计其数的环境保护组织，努力为寻觅自然的大众提供他们想要的，或是引导他们将被迫接受的当成自己想要的。

或许有人会问，为什么这么多差异巨大的人都被简简单单地归作了一类？因为他们每一个都是猎人，只是各有各的方式罢了。那么为什么每个人都自称为环保主义者？因为他们渴望猎取的每一只野生动物都试图远远逃开，他们希望有法律、财政拨款、区域规划、机构改组或其他形式的群体意愿出面施展某种巫术，将它们留在原地。

游憩通常作为一种经济资源被提及。参议院用虔诚的计算题告诉我们，公众每年要在这项活动上花费多少个百万美元。它的确有关乎经济的一面——垂钓池边的一幢小别墅，甚至沼泽地里的一个野鸭狩猎点，其造价可能就相当于邻近一个农场的全部成本。

它同样也有关乎伦理道德的一面。在未开发地点的争夺战中，规则和摩西十诫[118]逐渐成形。我们都听说过"户外礼仪"。我们将它们灌输给年轻人。我们将有关"什么是户外运动爱好者？"的定义印在纸面上，只要有人肯为这信仰的传播繁衍花上一个美元，就可以得到一份副本高挂在墙头。

然而，很明显，这些经济或伦理的表现都是原动力的结果，而非诱因。我们寻求与自然取得联系，是因为我们能够从中得到享受。就像在歌剧院里，经济的齿轮被用于打造和维持剧院的功用。同样在歌剧院里，专业人士以打造和维持其功用来谋生，但无论最根本的原动力还是最终的目的，若说是在于经济，那都是错误的。掩体里的猎鸭人和舞台上的歌剧演员，除了服装的差异之外，做的是同样的事。每个人都在将日常生活中的戏剧性以娱乐的方式重演。归根结底，他们实践的都是美学的演练。

有关户外游憩的公共政策总是引人争议。在有关怎样才是对基础资源的保护以及应当如何对基础资源施加保护的问题上，同样认真的城市人持有截然不同的观点。就这样，荒野保护协会[119]致力于将道路逐出荒僻的土地山野，而商会则致力于拓展它们，两者高擎的都是游憩之名。猎场主杀死鹰隼和鸟类爱好者保护鹰隼也都是以各自的猎枪和望远镜之名。这样的内讧通常都会为对方标上一个简短的恶名，然而，事实上，各方考虑的只是游憩进程中的不同组成部分罢了。这些组成部分在特征或性质上相去甚远。一条政策的颁布，很可能意味着此方之蜜糖，彼方之砒霜。

如此看来，似乎应当及早将各个部分拆解开来，检验它们各自与众不同的特征或性质。

我们从最简单也最明显的部分开始吧，即户外游憩爱好者有可能寻觅、找到、捕获和带走的实物。归在这个分类下的是爱好者们捕获的野物，比如猎物和鱼，或是代表成就的象征或标志物，比如兽头、兽皮、照片和标本。

以上种种全都基于"战利品"这一概念。它们在寻觅过程和获取过程中提供的愉悦是——或者说应当是——相同的。战利品，无论它是一只鸟蛋、一篓鳟鱼、一篮蘑菇、一张熊的照片、一朵野花压制成的标本，还是塞在山巅石缝里的一张纸条，都是一份凭证。它证明了这份凭证的持有者曾经到过某个地方，做过某些事，证明了他在克难制胜、巧运智谋或获取财富这些古老本领的演练中实践了技巧、勇气和辨识力。这些依托于战利品而存在的内涵往往远胜实物本身的价值。

不过，不同战利品面对群体效应的反应是不同的。通过繁育和管理的手段，猎物和鱼类的产量可以得到提升，从而让猎人收获更多的猎物，或是在单体收益不变的情形下让更多人得利。过去十年来，一种名为"野生动植物管理"的职业凭空出现。如今大约有二十所大学在教授相关技能，着力研究怎样才能获得更大的野生动物产出量和更好的品质。然而，当走得太远之后，这样的产量增长便开始遭遇边际收益递减法则[120]。对于猎物和鱼类的高度集约化管理，在人工化的过程中降低了战利品的个体价值。

作为例证，想想一条人工养殖且新近才放入溪流中的鳟鱼吧。这条溪流遭遇了过度捕捞，已经失去了自然繁衍鳟鱼的能力。水体遭到污染，森林开发和践踏导致水温升高，河道淤塞。没有人会宣称，这条鳟鱼与在落基山脉高处某条天然溪流中捕获的纯野生鳟鱼拥有同样的价值。它的美学内涵不足，尽管要捕获它或许需要同样的技巧（有权威说，在人工养殖的过程中，它的肝脏也退化了，因此注定早亡）。然而，若干遭遇了过度捕捞的州如今几乎都完全依赖于这种人工养殖的鳟鱼。

所有介于人工和非人工之间的过渡形式都是存在的，只是随着规模化应用的增长，环境保护的手段被全面推向了人工化的一端，战利品的价值亦随之全面下跌。

为了保护这种昂贵的、人工养殖且或多或少缺乏生存能力的鳟鱼，环保委员会觉得，有必要杀死所有造访鱼儿生长的养殖场的大蓝鹭和燕鸥，外加所有生活在放养人工鱼的溪流中的秋沙鸭和水獭。钓鱼的人或许自有其看法，觉得像这样为了一种野生生物而牺牲另一种算不上什么损失。可是鸟类学者已经快要把牙都咬碎了。人工化管理事实上就是以另一种有可能更加高级的游憩为代价，换取垂钓的可能性；它是从公众整体的储蓄账户里提取红利支付给某些个人。类似的生物学探索在猎物管理方面更胜一筹。欧洲很早以前就开始提供野物获取数据了，我们甚至可以知道猎取的野生动物与其捕食者之间的"转换率"。比如，在德国萨克森州，每七只鸟遭到猎杀，就意味着一只鹰被杀死，同样，每三头小型猎物可以转换为一头中大型食肉动物。

植物受损常常紧随动物的人工化管理而至——比如，鹿对森林的伤害。人们在德国北部，在美国宾夕法尼亚州的东北部，在凯巴布高原和许多不那么有名的地区都能看到这样的情况。每桩案例里，天敌的缺乏都会导致鹿的过量繁殖，接下来，一切登上了鹿食谱的植物都无法幸存，甚至无法再生。欧洲的山毛榉、槭树、紫杉，美国东部各州的加拿大紫杉和北美香柏、西部的山桃花心木和三齿苦树，全都是鹿的食物，全都因为鹿的人工化管理而受到威胁。从野花到野树，植物群中的品类渐渐贫乏，反过来，鹿也因为食物不足而渐渐孱弱。如今，树林里再也没有贵族城堡墙头上的那种牡鹿了[121]。

在英国那石南丛生的荒野里，当灰山鹑和雉鸡被大量猎杀时，野兔得到了过度的保护，进而抑制了树木的新生。在许多热带岛屿上，无论动物还是植物都遭遇了山羊的破坏，而山羊是作为肉食和猎物品种被引入的。很难算得清楚，失去天敌的哺乳动物和被抑制自然生长的可食用植物，对于彼此乃至周遭造成了多少伤害。农作物收成被夹在了这生态管理失当所带来的双重威胁之间，也只有靠着永无止境的补偿款和铁丝网才能得以保全了。

那么，我们能够得出结论了：规模化应用会降低猎物和鱼类等生物战利品的质量，同时引发对于包括非猎物类动物、自然植被和农场作物等在内的其他资源的损害。

同样的稀释和损害，在"非直接"战利品的获取上表现得则不那么明显，比如照片。大略说来，每天十几个旅行者端着相机拍摄并不会对一处风景造成实质的损耗，就算这个数量级别上升到以百计数，也不会危害任何相关资源。相机产业是少数寄生于荒野自然的无害物之一。

于是，依据自然面对规模化应用的反应，在两类作为战利品而受到追捧的物理对象之间，我们找到了一个基本差异。

现在，让我们来考虑游憩的另一个组成要素，也是更加微妙、复杂的要素：身处自然中的与世隔绝感。它所具备的稀有价值在一部分人看来非常高，这一点在关于荒野的论战中已经得到证实。荒野的支持者与负责道路修建的部门成功达成了协议——后者掌管着整个美国的国家公园和国家森林。他们同意保留当前无道路区域的现状，正式为其提供保护。每开放十二片自然野地，就有一个被正式宣布为"荒野"，道路只能修建到荒野边界。紧接着，它们便被大肆宣扬为"罕有而独特的"，事实上，它们的确是。可要不了多久，荒野中的小路便开始纵横交错起来，或是披着为民间护林保土队服务的漂亮外衣，或是因为一场意想不到的火灾而不得不铲出一条路来将荒野一劈两半，好让消防员进入。又或者，受到广告吸引而涌来的人让向导和驮工有了赚钱的机会，于是，有人发现荒野政策是不民主的。又或者，在荒僻山野刚被正式贴上"荒野"标签时还保持沉默的本地商会，第一次尝到了旅游经济的血腥甜香。接下来，它想要的越来越多，有没有荒野又如何。

简单地说，越来越多对稀有荒野的广告和宣传，反倒消解了所有经过深思熟虑做出的保护荒野的努力，从而导致荒野的进一步缺乏。

规模化应用中包含着对独享孤寂可能性的直接稀释，这是不言自明的。当我们将道路、露营地、徒步小径和厕所当作游憩资源的"发展进步"来加以谈论时，再论及这一要素便是虚伪了。这类为人群准备的膳宿设施什么都没能发展出来（就增加和创造的意义而言）。恰恰相反，它们只是被倒进本就稀薄的汤中的水。

我们如今可以将孤寂感要素与另一个非常清晰简单的价值加以对比，后者通常被我们贴上"呼吸呼吸新鲜空气，换个环境"的标签。规模化应用既不破坏也不消解这种价值。第一千个走进国家公园大门的游客和第一个呼吸到的是几乎完全一样的空气，体验到的是与走进周一办公室截然不同的感受。有人甚至相信，大量人群同时拥入户外会进一步增强这种反差。那么，我们可以说，呼吸新鲜空气和改换环境的要素类似影像战利品，它们都可以承受大规模应用而不被损害。

现在，我们该讨论又一个要素了：对于自然进程的感知。土地和生存其上的生物在自然进程中形成了它们各自的特征形式（进化论），借助自然进程，它们延续着各自的存在（生态学）。这种被称为"自然研究"的东西，除了让天选之民脊背发麻、为之战栗以外，还推动大众的头脑摸索着迈出了走向理性认知的第一步。

感知最出色的特点在于，它不会带来任何资源上的消耗和稀释。举例来说，同样是一只鹰的俯冲，在一个人眼里会被认作生物进化过程中的一幕戏，而在另一个人眼里却只是对煎锅中食物的威胁。戏剧或许能够让一百个人在不同的时间看到并为之激动，可威胁止于一人——因为他的反应将会是端起猎枪。

推动感知是游憩工程中唯一真正具有创造性的部分。

这一事实很重要，至于它还拥有让"美好生活"更加美好的潜力这回事，还少有人知。当丹尼尔·布恩[122]第一次进入"黑暗血腥之地"的森林和草原时，他将所获归纳为"户外美洲"的真正精华。他并没有用我们的字眼来称呼它，可他发现的正是我们如今寻觅的，在这里，我们探讨的是事情本身，不是名称。

然而，户外游憩不只需要身在户外，更要求我们对它有所反应。丹尼尔·布恩的反应不只基于他看到的东西有多好，还在于他用以看这些东西的心灵之眼有多敏锐。生态科学已经为心灵之眼带来了一次改变。对于在布恩看来只是事实存在的部分，它揭示了其起源和功用。对于在布恩看来只是特性的部分，它揭示了其机制。我们没有标尺可以用来衡量这种变化，却能够放心地说，比起合格的当代生态学者来，布恩只看到了事情的表面。动植物群落蕴含的纷繁复杂令人难以置信，那是一种固有的美丽，在豆蔻年华的灿然盛放中召唤以"美国"为名的有机体。那是丹尼尔·布恩看不到，也理解不了的，就像我们站在今天回头去看巴比特先生[123]一样。在美国，游憩资源唯一实现的真正发展，就是美国人感知能力上的发展。所有其他被我们冠以了种种美名的，至多不过是试图延缓或掩饰那稀释消解的进程罢了。

不要因此就贸然得出结论，认为巴比特必须先取得生态学的博士学位才能去"看"他的国家。恰好相反，博士倒是很有可能变得像殡葬业从业者一样麻烦，对于所承担职责之中蕴含的神秘一无所觉。和所有真正的心灵财富一样，感知可以被无穷无尽地切割细化却无损其本质。城市墓地里的野草能承载的教谕与北美红杉并无二致；农场主在他的奶牛牧场里能见到的，却未必被赐予在南太平洋探险的科学工作者。一言以蔽之，感知是任何学位与金钱都无法买到的。无论在国内还是国外，它同样生长，就算是感知贫乏的人也能利用那仅有的一点点感知去获取收益，成果足以与拥有强烈感知的人相媲美。如果是作为对感知的探索，一窝蜂似的游憩实在是既无根基，也无必要。

最后，还有第五个组成要素：养殖的意识。对于习惯依靠投票而非双手来进行环境保护的户外工作者而言，这是陌生的。只有当某个人凭借自身感知力将管理的艺术应用于土地上，它才可能被意识到。也就是说，这样的乐趣被留给了穷到无法花钱购买娱乐的土地所有者，外加拥有锐利目光和生态学头脑的土地管理者。花钱买风景看的游客完全对此一无所知，花钱雇佣政府或政府雇员作为猎场管理者的户外游憩爱好者也一样。政府原本试图将私人经营的游憩场地转移到公众手中，却在不知不觉间将原本打算交付给民众的大半份额让渡给了它的土地管理者们。照理说来，我们这些林业工作者和猎场管理者应当为我们的工作支付费用，而非领取报酬，就像野生作物的种植者一样。

在农作物生产过程中培养起来的养殖意识很可能与作物本身同样重要，对此，农业从业者已经有了一定程度的认识，可是环境保护业者还一无所知。美国户外游憩爱好者对于苏格兰荒野和德国森林的密集式动物养殖颇为不齿，从某些方面看来，这是对的。但他们完全忽略了欧洲的土地所有者在养殖过程中完善起来的养殖意识。我们至今还完全没有这样的东西。这很重要。当我们断定必须向农场主提供补偿金利诱他们种树育林，或是以门票收入诱惑他们养殖猎物时，只能够证明一件事，那就是我们承认，无论农场主还是我们自己，对荒野养殖的乐趣都一无所知。

科学工作者有一句名言：个体发育复制物种进化。也就是说，每一个单独个体的生长发育都是对该物种进化过程的一次重复。无论就物质层面还是精神层面而言，这都是对的。追求战利品的猎手就是重生的穴居人。无论种群还是个体，追逐战利品都是未成年者的特权，他们统统不知抱歉为何物。

现下时代中令人不安的正是永远不会长大的战利品猎手，在他们身上，体会孤独、运用感知和享受养殖的能力都没能得到发展，也可能是丢失了。他们是机械行动的蚂蚁，一窝蜂地拥向各个大陆，却没能学会好好看看自己家的后院。他们消耗户外的一切赏心乐事，却从不创造。为了他们，游憩的设计师心怀献身公共服务事业的美好信念，冲淡了荒野之荒，将战利品变成了人工的造物。

追逐战利品的游憩者有一种古怪的偏好，那就是以微妙的方式为自己的灭亡提供助力。为了享受，他必须掌控、侵略、占有。只要是无法亲眼看到的荒野，对他来说就是毫无价值的。因此，一个概念就这样凭空形成：未被利用的荒僻之地对社会毫无裨益。在这些毫无想象力的头脑看来，地图上的空白点就是无用的浪费；而在另一个头脑中，这正是最有价值的部分。（难道就因为或许永远不会亲身前往，我在阿拉斯加的权益就毫无价值吗？我是否需要一条道路来向自己证实北极苔原、育空的大雁栖息地、科迪亚克棕熊和麦金利峰背后绵羊草场的存在与价值呢[124]？）

总之，可以看出，低层次的户外游憩是在不断损耗其本身的资源基础；而较为高层次的，至少在达到一定程度之后，将可以通过自我创造提供满足游憩需要的资源，同时极少或不对土地和生灵造成损耗。威胁着我们的正是交通扩张，它缺乏相应感知力的成长，令游憩业的发展进程面临着本质上的崩溃风险。游憩业的发展，不在于将道路修建到迷人的乡野深处，而在于将感知力植入目前尚不迷人的人类头脑中。

美国文化下的野生动植物　Wildlife in American Culture

原始人的文化往往建立在野生动植物的基础上。因此，对于草原上的印第安人来说，北美野牛不但是食物，更在很大程度上决定了他们的建筑、服饰、语言、艺术和宗教信仰。

文明种族的文化基础不断变化，无所不在，却始终保有其原始野性根源的部分。在这里，我要讨论的正是这种野性根源的价值。

没有人能够权衡或度量文化，我自然也不会浪费时间去尝试做这样的事。只需有识之士的共识就足以说明，在体育活动、风土人情以及重新与野生事物建立联系的经历中都存在着文明的价值。我斗胆将这些价值分为三类。

第一类价值存在于任何能够让我们想起自己的血脉起源和进化发展的经验中。比如，激发起历史意识的经历。这种意识是对"民族性"的最佳阐释。鉴于这一概念尚无任何简称，在我们的讨论中，我会称之为"栅条价值"。举例来说，一名童子军做好了一顶浣熊皮帽，钻进柳树林中模仿丹尼尔·布恩的行径。此时他就在重演美国的历史。从文化角度看来，他已经达到了那样的程度，正在为面对当代黑暗、血腥的现实做准备。再比如，一名农家男孩走进教室时身上散发着麝鼠的臭味——早饭前他曾去巡视了他设下的陷阱。他正在重演皮草贸易中的冒险故事。个体发育复制物种演化，无论在社会中还是个体上都同样适用。

第二类价值存在于任何能够让我们想起自身对于"土地—植物—动物—人类"这一食物链的依赖的经验，以及一切令我们想起生物区系基本原理的经验。文明将小工具和中间人胡乱填塞进了"人与地球的关系"这一元素中，塞得如此混乱，以至于我们对它的认识越来越模糊。我们设想工业支撑了人类，却忘了是什么在支撑着工业。该是教育向土地靠拢而非远离的时候了。那段带一张兔子皮回家给娃娃做包被的童谣[125]就是民间传承中的诸多提示之一，提醒着我们，人类曾经需要通过狩猎来为家庭谋取衣食。

第三类价值存在于任何被统称为"体育道德"的道德约束运动中。我们用以捕获野生动植物的工具发展得比我们自身更快，而体育道德就是自觉且有限度地使用这些武器装备。其目标在于，在捕获野生动植物的活动中加大技巧的比重，削弱工具的应用。

野生动植物伦理中还有一个特别的美德，即通常都没有旁观席位来让旁人对猎人的行为喝彩或喝倒彩。无论采取什么样的行动，都只出自他个人的良知，而非受迫于众目睽睽的拘束。这一事实的重要性，无须夸大。

自觉遵从伦理规则能够提升狩猎者的自尊，可也不该忘了，一旦自律被漠视，随之而来的就是个人的放纵与堕落。例如，所有狩猎活动的一大共同准则就是，不浪费一块好肉。如今的实际情况显而易见：威斯康星州的猎鹿人每合法捕猎一头雄鹿，就会在树林中杀死并遗弃至少一头雌鹿或幼鹿，要么就是在两头合法的雄鹿中二选一，丢弃单枝鹿角的小雄鹿。换句话说，将近半数的猎人会射杀他们见到的任何一只鹿，直到有一只合法的雄鹿被杀死。遭到非法猎杀的猎物就被留在它们倒下的地方。这样的猎鹿行为不但没有社会价值，更是加速了猎场之外的伦理崩塌。

那么，看来似乎存在这样一种情形："栅条"和"人与地球"两种经验即便无法产生正向价值，至少也止步于零价值，但伦理经验则有可能产生负价值。

由此，便可以对来自我们户外根源的三种文化养分做出粗浅的定义。这并不意味着文化就这么得到了滋养。价值的抽取从来都不是自发完成的，只有健康的文化才能得到滋养并成长壮大。我们如今的户外活动形式能够滋养文化吗？

拓荒时期诞生了两种观念，都是关于户外活动中的栅条价值的。一个是"轻车简从"观念，另一个是"一颗子弹一头鹿"观念。拓荒者必然需要剥除冗余，一切从简。他每开一枪都谨慎而精准，因为他缺乏交通工具、现金和足以满足机关枪般扫射需求的武器。再说得更清楚一些，从这两种观念诞生之初，它们就是环境强加给我们的——我们心甘情愿地遵守这不得不遵守的规则。

然而，随着观念的逐渐演化，它们变成了体育道德的准则之一，变成了一条在狩猎活动中只能靠自律实现的约束。以它们为基础，形成了一道独特的美国传统，关于自力更生、刚毅勇敢、丛林生存技能和射击术的传统。这些是无形的财富，却绝不抽象。西奥多·罗斯福是一名伟大的猎手，这并不是因为他把战利品挂得到处都是，而是因为他将这种无形的美国传统用任何小男孩都能读懂的文字阐述了出来。更加精准细致的描述可以在斯图亚特·爱德华·怀特的早期著作中找到[126]。正是这样的一些人认识到了文化的价值，创造出了适宜其成长的模式，并且反过来借助以上两者成就了文化价值。这样的说法想必也是不过分的。

接下来轮到装备设计师登场了，他们还有另一个众所周知的身份——狩猎用品销售商。他们用无穷无尽的精巧装备武装了美国的户外活动爱好者，全都打着为自力更生、刚毅勇敢、丛林生存技能和射击术服务的旗号，但这些装备往往被过度使用，从辅助品变成了必需品。各种装备塞满了大大小小的袋子，从脖子到腰间都挂得满满的。还有更多的塞满了汽车后备厢，就算拖车也不例外。每一种户外装备都越来越轻，通常也越来越好，然而，原本以"磅"为单位的总重量如今却几乎要换用"吨"来计算。户外装备的交易量渐渐增长到了天文数字，这些数字被一本正经地印刷在纸上，以表明"野生动植物的经济价值"。可是文化价值又在哪里呢？

举个极端的例子吧，让我们看一看打野鸭的人。他坐在铁皮船里，铁皮船藏在人造陷阱背后。无须迈动脚步，一台突突作响的马达就把他送到了目的地。罐装燃料立在他的身旁，供他随时取暖，以防有寒风袭来。他拿起一只工厂量产的喇叭朝着空中飞过的鸭群喊话，用他期望会有诱惑力的声音——刻在光盘上的家庭自学课程已经教过他该怎样操作了。喇叭没有生效，陷阱生效了，一群野鸭盘旋着进入了陷阱。他不惜在鸟儿的第二圈盘旋还没开始之前就扣动了扳机，因为整片沼泽挤满了打猎者，别人也用着差不多的装备，谁都很可能抢先开枪。还隔着七十码他就开了枪，因为他的可调节喉缩[127]已经放在了无穷大的挡位上，广告也告诉他了，这种超级Z型的子弹射程很远，而且弹量充足。野鸭群惊散了。两三只被打中的鸭子跌落下来，死在了别的地方。这位猎人感受到文化价值了吗？还是说他只是在为水貂准备食物？下一个掩体打开了，距离足有七十五码，另一个家伙可不是又在端着枪跃跃欲试了吗？这就是打野鸭，如今的模式。在所有公共猎场和许多俱乐部里，这就是典型的方式。轻车简从哪里去了？一颗子弹的传统哪里去了？

答案不可一概而论。罗斯福并不鄙夷现代来福枪，怀特大方自如地使用铝锅、丝帐、脱水食物。不知为什么，他们却能够将种种工具都化为助力，适度利用机械装备，却不被装备所利用。

我不会假装了解什么是适度，也不会装作知道正当与非正当装备之间的界限应该划在哪里。虽然这一切看起来似乎很清楚，但在文化效应方面，户外装备还有许多事情需要从回归根源做起。自制的打猎或户外生存工具往往能够提升人与地球关系中的戏剧性，而非摧毁它——用自制飞钓鱼饵钓到鳟鱼的人得到的不是一份奖赏，而是双份。我自己也使用过很多工厂量产的小装备。然而，在为了打猎而花钱购买装备这件事上必须有条界限，一旦越界，打猎活动的文化价值就会被摧折。

并非所有户外活动都已经堕落到打野鸭那种程度了。美国传统的捍卫者依旧存在。或许，弓箭运动和复兴的放鹰狩猎方式正标志着回归传统的开端。可无论如何，大趋势依旧是愈演愈烈的机械化，随之而来的依然是文化价值的日渐消解，其中尤以栅条价值和伦理约束为甚。

在我看来，美国的户外活动者是困惑的，他们不明白自己身上正在发生什么。既然越来越大、越来越好的装备对工业是有益的，那为什么就不能对户外活动同样有益呢？他不曾认识到，户外活动的本质就是原始的、返祖的——也就是说，两者的价值背道而驰，过度机械化等同于将工厂搬进森林或沼泽，注定将会摧毁这种反差。

没有导师来告诉户外活动爱好者什么是错的。户外活动出版物也早已不再表达狩猎，摇身一变成了装备业者的广告板。野生动植物管理者忙于繁育猎物好让枪口有东西可瞄准，顾不上考虑太多类似开枪的文化价值这样的东西。只因为从色诺芬[128]到泰迪·罗斯福的每个人都说打猎是有价值的，人们便想当然地认为这种价值绝不会被磨灭。

即便在不使用枪械的狩猎活动中，机械化的影响力也已经发挥了各种各样的功效。现代望远镜、照相机、铝制鸟足环当然不会侵蚀鸟类学的文化价值。要不是舷外发动机和铝制独木舟，钓鱼的机械化程度看起来也不至于像打猎那样严重。另外，机动交通几乎已经完全摧毁了荒野旅行这一户外项目，从下车点到荒野之间只剩下了微不足道的距离。

带上猎犬狩猎狐狸，这种荒僻地带的方式展示了一个激动人心的范例，其中只有部分并且很可能无害的机械化介入。这是最纯粹的户外活动之一，其中包含着真正的栅条风味，也拥有第一流的人与地球关系的戏剧性。狐狸是被刻意留在射程范围之外的，因此，伦理约束也得到了体现。可是我们如今却坐在福特汽车里追踪狐狸！巴格尔·安[129]的叫声和廉价小汽车的喇叭声混作一团！不管怎样，总算没有人试图发明机械猎犬或是在猎犬鼻子上铆上一个可调节喉缩。也没有人试图用留声机或者其他什么毫无痛苦的捷径来传授驯狗课程。我猜想，装备设计者在猎犬的世界里是无能为力了。

把户外活动的弊病全部归咎于物理辅助工具发明者是不准确的。广告业者提供了设想，而设想绝少像实物工具一般诚实，虽说它们或许同样无用。在这些设想中，有一个值得特别提出来说一说，那就是"到哪里去"部门。能够知道哪里是打猎或垂钓的好地方，是一种非常私人化的能力财富。它同钓竿、狗或猎枪一样，是可以作为个人的善意出借或赠予的东西。可若是把它们作为辅助工具挂在户外活动的卖场上，在我看来就是另外一回事了。进至于将它们当作免费的公共"服务"提供给所有人，在我看来更是大大不一样。如今，就连"环境保护"部门也在告诉汤姆、迪克和哈利们，哪里有鱼会咬钩，哪里有一大群野鸭会冒险飞下来寻找吃食。

所有这些有组织的无序化都在渐渐剥离户外活动中最本质的个人要素之中的个性因子。我不知道正当与非正当行为之间的分界线是划在了哪里——然而，我确信，"到哪里去"部门已经将一切理性的边界都打破了。

如果某个地方狩猎或钓鱼的确很好，那么"到哪里去"服务便足以诱使户外活动参与者的欲望无节制地膨胀。如果它们不那么好，广告业者又必定会采取更多、更有说服力的方式加以宣传。钓鱼彩票就是其中之一：在那里，人们在某几条人工养殖的鱼身上贴上标签，告诉钓鱼者，如果钓到中奖数字，就会获得相应的奖金。这种科技与桌球室的古怪混血儿注定使得许多早已耗竭的湖泊仍然得承担起过度的捕捞，同时也为许多乡村商会奉上了可资扬扬自得的自豪感。

对于职业的野生动植物管理者来说，若只想着洁身自好而对这些事避而远之，无异于尸位素餐。产品工程师和销售者隶属同一阵营，两者拴在同一条绳子上。

野生动植物管理者们试图通过控制环境实现在荒野中繁育猎物，如此一来，狩猎便从获取行为变成了保育行为。如果这样的变化真的发生了，它对文化价值将产生怎样的影响呢？必须承认，"栅条"风味和公开免费获取之间存在着某种历史性的关联。丹尼尔·布恩连等待农作物生长的耐心都没有，遑论野生动物。或许，老派猎人顽固地拒绝接受保育理念正是他的"栅条"传承的体现。又或许，保育之所以遭到抵制，正是因为它违背了"栅条"传统中的一大要素：自由狩猎。

机械化未能为它所摧毁的栅条价值提供任何文化替代品——至少我没有看到。保育或管理提供了一种替代品，名叫"荒野耕作"，在我看来，它至少具有可与之匹配的价值。为了野生动植物的保育而对土地加以管理，这样的经验与任何其他形式的耕作行为有着同样的价值，它们都能够提醒我们记起人与地球的关系。更有甚者，伦理约束也蕴含其中——像这样管理猎物而非依赖于控制捕猎者是需要更高水平的伦理约束的。那么，或许可以得出结论，猎物保育削减了一种价值（栅条），但同时对另外两种价值有所提升。

如果我们将户外活动视作战场，不知疲惫的机械化进程与完全停滞不前的传统是冲突双方，那么有关文化价值的前景就真是一片黑暗了。但为什么我们有关户外活动的观念不能像我们那不断加长的装备名单一样成长呢？或许文化价值的救赎就在于掌握主动。我——不止我一个人——相信时机已经成熟。户外活动爱好者能够自行决定未来的模样。

比方说，最近十年里已经出现了一种全新的户外活动形式，它不会破坏野生世界，它利用工具而不为工具所用，它绕开了他人土地借用限制的问题，并且大大提高了单位土地面积上的人口承载力。这种活动不受猎物袋尺寸的限制，也没有休猎季。它需要老师，不需要监察者。它要求一种具备最高文化价值的全新的丛林知识。我说的这种活动，就是野生动植物研究。

野生动植物研究最初是以不容窥探的专业领域面目出现的。无疑，更加困难、艰苦的研究工作和课题必须留给专业人士来完成，但仍然有足够多的问题适合不同程度的业余爱好者参与。在机械发明的领域里，业余爱好者早就介入了研究工作。在生物学的领域里，业余爱好者的研究也有竞技的价值，这一点才刚刚开始被人们认识到。

就像玛格丽特·莫尔斯·尼斯，一位业余的鸟类学者，在她自己家的后院里研究歌带鹀，成了鸟类行为的世界权威，比许多在公共机构中研究鸟类的专业学者做得更加出色，思考得也更加深入。查尔斯·L.布若雷，一名银行家，喜欢为鹰戴上标记环志，以此作为娱乐，却发现了一个此前无人知晓的事实：有的鹰冬天在南边筑巢，却也会飞到北边的森林里度个短假。草原上的小麦农场主诺曼·科瑞多和斯图尔特·科瑞多，以及马尼托巴，在他们的农场里研究动植物，成了知名的权威人士，熟知从本地植物到野生动物圈的一切。艾略特·S.巴克尔，一名新墨西哥州群山间的牛仔，完成了一本有关那最不可捉摸的猫科动物——美洲狮——的著作，并成为该领域最好的两部著作之一。如果有人说，这些人是在工作而不是娱乐，别相信他。他们只是发现了，户外活动的最大乐趣存在于观察和探索未知之中。

鸟类学、哺乳动物学和植物学如今已为大多数爱好者所知，但这些领域可能提供给（以及开放给）业余爱好者的，目前还只是幼儿园级别的小打小闹。造成这种现状的原因之一在于，整个生物学教育（包括在野生动植物方面的教育）都旨在保持专业学界在研究方面的垄断权。留给爱好者的只不过是虚假的发现之旅——去重复验证专业权威已经知道了的东西。年轻人需要被告知的是，建造完成的航船就停泊在他自己头脑的干船坞里，随时可以扬帆出海，自由航行。

依我所见，推广野生动植物研究活动是对抗野生动植物管理行业的最重要一环。野生动植物还有另一个价值，如今仍只有少数生态学家看到，可是这一点或许对整个人类来说都非常重要。

我们现在知道了，动物种群拥有行为模式，身在其中的动物个体并不自知，但它仍然是实践该模式的一部分。就像兔子并不知道种群的周期，但它却是周期运转的推动力。

我们无法在个体或短时间内识别出这些行为模式。对一只兔子的观察再如何审慎周密，它也不会告诉我们任何有关周期的事。周期的概念萌发于持续数十年来对兔子群体的审慎观察。

这引发出一个令人不安的问题：人类种群是否也有我们所不曾知晓的行为模式？我们正在推动的是哪一种模式？暴乱和战争、动荡和革命是否也是这整个进程中的一部分呢？

许多历史学者和哲学家坚持将我们的群体行为解释为个人意志力总和的结果。整个外交活动的主旨都基于一个假设：政治团体具备高贵诚实者的特性。另外，某些经济学者则将整个社会视为指掌之间的玩物，对此，我们的认知总是大大滞后。

我们有理由假设，人类社会的进程体现着比兔子群体更高的主观意志。但同样也有理由假设，作为一个物种，人类存在某些群体行为模式，可我们却一无所知，因为命运绝不会将它们揭示出来。也可能是我们误读了其中的意义，错解了命运的提示。

这种怀疑关乎人类种群行为模式的基本面，为高等动物研究注入了异常大的热情和价值——毕竟，那是我们能够找到的唯一参照系。埃灵顿[130]以及其他一些人，已经指出了这些动物参照系的文化价值。数个世纪来，这个藏着丰富知识的浩大图书馆已经对我们关上了大门，因为我们不知道该到哪里去找它，又该怎样才能找到它。生态学如今教导我们，要到动物种群里去寻找参照系来解决我们自己的问题。通过学习生物圈中某个细小部分的运转方式，我们可以推测整个系统是如何运转的。理解这些更深层次的意义，以钻研的辩证眼光接受它们，才是未来的丛林知识所需要的能力。

总结一下，野生动植物曾经养育了我们，造就了我们的文化。直到今天，它们仍然在为我们提供闲暇时光的愉悦。但我们试图借助现代机械收获这种愉悦，却在这过程中摧毁了它们的部分价值。然而，只要换以现代的心智谋取收获，便能够得享愉悦，同时得获智慧。

荒野 Wilderness

荒野是未经加工的原材料，人类从中打磨出被称作"文明"的人造物。

荒野从来就不是单一品种的原材料。它非常丰富多样，由之打造的人造物也非常丰富多样。这些最终产品的不同之处，便是所谓"文化"。反之，全世界的文化有多么丰富，就意味着孕育它们的荒野有多么多样。

在人类种族的历史上，头一次出现了两大近在眼前的剧变。第一，全球人居区域日益增加，荒野濒临耗竭。第二，在现代交通和工业化的影响下，全球范围内发生的文化交融。两者都不可阻挡，或许也不该被阻挡，但随之而来的问题是，如果对眼前的改变做出些许良性调整，是否能够将某些可能失落的价值保留下来。

对于挥汗如雨、奋力工作的劳动者来说，砧上的原材料是等待征服的敌手。因此，对于拓荒者来说，荒野便是敌手。

但安静歇息的劳动者却能够有时间睁开哲学的眼睛，稍稍看一看他的世界，那时候，同样的原材料便成了值得被爱、被珍惜的东西了，因为它们为他的生命赋予了定义与意义。人们之所以呼吁保留下最后的荒野，和建造博物馆一样，都是希望能在有朝一日为那些想要看一看、感受一下或是研究各自文化传承起源的人们提供启迪。

The Remnants
残迹

我们从许多不同的荒野中锻造出了美国，如今它们却早已不在。从今往后，在任何能够得以落实的计划中，受到保护的荒野区域，无论面积还是程度都必须是极其多样的才好。

没有生者能再看到长草草原[131]，那是繁花盛开的草海，花朵挤挤挨挨，蹭着拓荒者的马镫。我们应当四处寻觅荒僻之野，在那里，不同的草原植物应当都能够以各自物种的身份活着。这样的植物大约有一百种，其中许多都异常美丽。但大部分都不为它们土地的继承者所知晓。

可是矮草草原还在，那是卡巴萨·德·巴卡[132]曾经透过北美野牛的腹下看到过地平线的地方，如今在寥寥可数的几个地方还保留着上万英亩的规模，虽说也已被绵羊、牛群和旱作农夫破坏得厉害。如果说，淘金者值得被挂在州议会大厅的墙头供人纪念瞻仰，难道在他们那有如麦加逃亡[133]般汹涌人潮身后的风光就不值得在几个国家草原保护区里被铭记吗？

至于沿海草原，如今在佛罗里达有一片，在得克萨斯有一片，只是被油井、洋葱田和柑橘园围得密不透风，又被钻头和推土机武装到了牙齿。这是大自然最后的款待。

没有生者能再看到大湖区的原生松树林，或是海岸平原的低平林地，或是浩无边际的阔叶林。对此种种，各设几英亩的样本区应当是能够而且必须要做到的。除此以外，如今尚且留存有几处上千英亩的槭树和铁杉，类似的林地还有阿帕拉契亚山脉的阔叶林、南部的阔叶湿地、柏树沼泽以及红皮云杉林。在这些最后的幸存者中，极少有完全摆脱了潜在的砍伐威胁的，更少有能够逃脱旅游公路的可预期侵扰的。

在高速萎缩的各类荒野中，海岸荒野是其中一类。度假小屋和旅游公路几乎已覆灭了两片大洋[134]的荒芜海岸；苏必利尔湖拥有大湖区最后的大面积荒野湖岸，如今也正在失去它的荒野。没有哪一种荒野比它们与历史交织得更加紧密，也没有哪一种像它们这样迫近彻底消失的终点。

在落基山脉以东的整个北美地区，仅有一处作为荒野得到官方正式保护的大面积区域，它就是横跨明尼苏达州和安大略省的奎提科 — 苏必利尔国际公园[135]。这片雄奇壮丽的区域宛如一幅湖泊与河流组成的拼嵌画，是独木舟的天堂，公园的大半面积都在加拿大境内，对此，加拿大几乎是把能够开辟的区域都划进去了。但它的完整性近来也受到了两大发展势头的威胁：其一是配备飞机的钓鱼度假地的增长，它们的飞机都装备了水上浮筒；其二是对于明尼苏达尽头这片区域的管辖权争议，争论究竟应该全部划为国家森林，还是留出部分作为州立森林。在水力能源工程正威胁着整个地区的情况下，这种荒野维护者内部令人遗憾的分歧最终可能导致权力者得利。

落基山脉诸州内约有二十多片区域属于国家森林，大小不一，从十来万英亩到五十万英亩都有，都作为荒野得到了回收管理，不再允许进行公路、旅馆和其他不利于荒野的开发。在各个国家公园里，同样的原则也已得到认可，但尚未做出具体的界定。这些国有区域共同形成了荒野保护工程的支柱，只是它们还并不像报纸所告诉你的那样安全。为发展旅游业而修建新公路的地区性压力一直在东一下西一下地敲墙打洞。基于森林防火考虑而扩张道路网的压力已存在多年，而这些道路都在慢慢地变成向公众开放的公路。闲置的民间护林保土队营地四下散落，正散发着诱惑，吸引人们前去修建往往并无必要的新路。战争期间的木材短缺为大肆扩建道路提供了军事需求的动力，合理合法。如此种种，不一而足。就在眼下的时刻里，高山缆索和滑雪酒店还正在许多高山区域内被大力推动着，大都完全不曾顾及最初的荒野保护设想。

诸多荒野入侵之中，最阴险的一种是借助对大型食肉动物的控制。它是这样得以实现的：出于大型猎物管理的利益考虑，灰狼和美洲狮在某片荒野遭到灭杀；随后，大型猎物群（多半是鹿或麋鹿）的规模开始扩张，直至抵达过度啃牧的临界点；接着，必定就是鼓励猎人出发扫荡过剩的猎物，可是现代猎人拒绝离开他们的汽车太远；于是，就必须修建一条道路来接近过剩的猎物。一次次的重复之下，荒野就这样被切割得支离破碎，而这一切仍在继续。

落基山脉的荒野体系中拥有多种多样的森林类型，从西南部成片的刺柏林到"翻卷着俄勒冈的无尽森林"[136]。然而，其中仍然缺少了荒漠地区，或许是出于幼稚的美学印象，所谓"风景"的定义被局限在了湖泊与松林上。

在加拿大和阿拉斯加仍然保有大片的处女地：

> 那无名者在无名的河边徜徉
>
> 陌生的山谷迎候着陌生的孤寂死亡[137]

这些区域中最具代表性的系列能够，也应当被保留。就经济利用价值而言，许多荒野都微不足道，甚至只有负值。当然，有人会认为，为了这样的结果去进行周密的规划是没有必要的，无论如何，最终总会有足够多的地方留下来。所有最近的历史都粉饰着一个如此令人心安的假想。可就算零星的荒野得以幸存，它们的动物区系又将如何呢？生活在林地的北美驯鹿、生活在山区的好几种盘羊、真正纯种的美洲森林野牛、贫瘠地带的北美灰熊、淡水海豹、鲸类，它们的存续至今依旧受到威胁。被剥夺了各自特有动物区系的荒野区域又有什么用呢？不久前刚刚成立的北极研究所[138]已经开始着手将工业化带入北极荒原，而且颇有机会像摧毁荒野一样摧毁它们，以在课题上大获成功。这是最后的款待，即便远在极北之端。

至于加拿大和阿拉斯加能够在多大程度上看到并抓住它们的机会，实在是见仁见智的事情。对于任何试图让拓荒事业永远存在下去的努力，拓荒者总是嗤之以鼻的。

Wilderness for Recreation

游憩的荒野

无数个世纪以来，以谋取生存资本为目的的体力对抗都是经济问题。当这一对抗本身的需求消失之后，健康生存的本性引导我们以体育运动和户外渔猎的方式将它延续了下来。

同样，人与野兽之间的体力对抗也是经济问题，如今则表现为以休闲娱乐为目的的狩猎和钓鱼。

撇开公共荒野的种种意义不谈，它首先是一种存续手段，通过户外活动的形式，保留拓荒历程和生活中更为阳刚、久远的技能。

在这些技能中，有的随处可见——虽说具体细节已经调整得很适合美国的环境，但技能本身是全球性的。狩猎、钓鱼以及背包徒步都属于这一类。

但有两种技能是美国的，就像山核桃树一样，它们虽然被复制到了世界各地，却只有在这片大陆上才能真正成熟、完善。一种是独木舟旅行，另一种是驮畜旅行。两者都在飞速萎缩。哈德逊湾印第安人如今有了小汽艇，高山居民也拥有了福特汽车。如果不得不依靠独木舟和驮马生活的话，我也会做出和他们相同的选择，因为老法子实在是太累人了。但对于我们这些在荒野旅行中寻找休闲乐趣的人来说，如果被迫要与机械替代品竞争，那就太扫兴了。坐上一艘又一艘汽艇走完旅程，把拴着铃铛的带头母畜牵出来在夏季度假酒店的草地上转圈，这都足以算得上是蠢事一桩。倒不如留在家里还好一些。

荒野地带首先是一系列原始艺术的圣殿，关乎荒野旅行，尤其是独木舟和驮畜旅行。

我猜有人会想要质疑一下，保留这些原始艺术的生命力是否真的那么重要。我不会为之争辩。要么你心里知道答案，要么，就是你太老太老了。

欧洲的狩猎和垂钓活动在很大程度上有所缺失，避而不谈荒野地带可能是整片乡土的延续手段之一这样的问题。只要能不做，欧洲人就不在森林里露营、野炊，绝不自己动手干活儿。所有杂务都被扔给了狩猎助手和仆人，他们的打猎更像一场野餐，而非拓荒。至于对技术的检验，多半就只能看狩猎或钓鱼活动中的实际收获了。

有的人指责荒野休闲活动是"不民主的"，因为和高尔夫球场或旅游营地比起来，荒野对于游憩活动的承载能力太小。在这样的争论中，根本性的错误在于，这是以规模生产的理念来度量规模生产的消解者。游憩的价值不是简单的加减计算题。游憩是有价值的，其价值与过程中体验的强度，以及它和日常生活的反差程度成正相关。基于这些标准，借助机械辅助的户外活动，即便在最好的情形下也不过是件寡淡无味的事。

机械化游憩已经占据了九成的丛林和高山，作为对少数派的恰如其分的尊重，当然应该将剩下的十分之一留给荒野。

Wilderness for Science
科学的荒野

一个生命体最重要的特征在于内在的自我更新能力，我们称之为"健康"。

有两种生命体的自我更新进程受到了人类的干扰和控制。其一是人类自己（因为医药和公共卫生）；其二是土地（因为农业和环境保护）。

控制土地健康的努力不算太成功。现在大家都明白了，当土壤失去肥力，或是肥力的流失速度比形成速度快，并且区域内的水系出现异常的洪水或枯竭时，就意味着土地生病了。

此外，其他的一些失调也都已经被认识到了，但还只是局限在事件本身，并未被视为土地生病的病征。比如，尽管人们也在努力进行物种保护，但某些植物和动物还是不知不觉间就消失了；尽管人们尽力防控，但某些有害物种还是入侵了。类似种种，若没有更简单合理的解释，必定就应当被视为土地系统的病征。毕竟这两种情况发生得如此频繁，绝不可能以"正常的进化演变事件"来加以解释。

对于土地的这些小病痛，我们的理解反映出一个事实，那就是我们的应对方式始终还是"头痛医头，脚痛医脚"的，从未考虑过另一个事实，即最初塑造了土壤特性的野生动植物系统，其重要性或许不逊于土壤本身的维系保护。比如说，最近的发现揭示，虽然不知道原因何在，但烟草作物的品质取决于野生豚草对于土壤的预先调理。我们还没有意识到，像这样出乎意料的生物链或许遍布整个自然界。

当草原犬鼠、地松鼠或是老鼠泛滥成灾时，我们采取行动毒杀它们，却从未超越动物本身去想想，是什么导致了它们的激剧繁殖。我们设想动物的问题必定有着来自动物的原因。可最新的科学证据指出，植物生态的紊乱才是啮齿类动物泛滥的真正根源，然而，几乎还没有人沿着这条线索深入探索下去。

许多林场的土壤原本供养着三种或四种树木，后来却只能生长出一种或两种树木。为什么？善于思考的林业工作者能够明白，原因不在于树木本身，而在于土壤中的微生物群落。重建土壤的微生物系统比破坏它们要多花上很多年的时间。

许多防护措施也明显浮于表面。防洪堤和洪水的成因没有任何关系。拦沙坝和梯田无法触及水土流失的根源。猎物和鱼类供给的保护区和养殖场无法解释，为什么物种本身无法维持自身种群的数量。

总之，越来越多的证据指出，土地就和人体一样，当某个器官出现病征，病源或许是在另一处。我们眼下称之为环境保护的举措，在很大程度上都只是稍稍缓解局部的痛楚罢了。这些举措是必要的，但绝不应该和治疗混为一谈。医治土地的技术正在蓬勃发展，可是有关土地健康的学科尚未诞生。

首先，一门钻研土地健康的学科需要一套健康常态下的基准数据，外加一幅有关健康土地如何像生物体般维持自身运转的图示。

我们有两套现成的模板。其一，是找出经过人类若干世纪的盘踬，却仍然在很大程度上保留了土地生理机能的地方。这样的地方我只知道一处：欧洲东北部。在那里，我们的研究铩羽而归的可能性不大。

其二，也是最完美的模板，是荒野。古生物学早就以丰富的证据证明了，在相当漫长的时间里，荒野始终维持着自身的良好运转。也就是说，荒野中生存的物种鲜少消失，也不会失控；风与水制造土壤和带走土壤的速度持平，甚至前者更快。那么，我们就可以假设，荒野作为土地健康的实验室，有着人类从未想到的重要意义。

没有人能蹲在亚马孙流域研究蒙大拿州的土地生理机能，每一片生态组合区都需要它自己的荒野，这样才能开展已开发土地和未开发土地的对比研究。当然，除了已经失衡的荒野研究区域外，想要抢救更多的东西已经太迟了，绝大多数幸存下来的荒野都太小，无法完整保持它们健康常态的方方面面。即便是单体面积能达到百万英亩的国家公园，也还不足以大到保护它们的原生大型食肉动物，也无法阻挡家畜带来的动物疾疫。就像黄石公园失去了它的灰狼和美洲狮，紧随而至的结果便是麋鹿摧毁植物圈，特别是冬季草场区域内的植被。与此同时，北美灰熊和高山盘羊的数量也在减少，疾病正是导致后者种群萎缩的原因。

然而，即便在最大的荒野区域也已经开始出现局部的失衡时，J.E.韦弗[139]也只需要区区几英亩野地就能解答下面的问题：为什么草原野生植物比替代了它们的农业作物更加耐旱。韦弗发现，草原物种在地面以下实施的是团队作业，它们的根系分布在不同的深度上，而各种农作物虽是轮番上阵，却始终只盯着同一层土壤而忽略了其他，结果自然是令其不堪重负，终至积重难返。一个重要的农业学原则在韦弗的研究中浮出了水面。

无独有偶，托格雷迪亚克也只需要几英亩的荒野就能发现，为什么废耕农田里的松树永远无法长得像未开发森林土地上的松树那般高大，那般能抗强风。原因在于，后者的根系可以循着老树留下的树根通道伸展，因而扎根更深。

在很多时候，我们真的是不知道应该期待健康的土地有怎样的出色表现，直到能够有一片荒野地区作为生病土地的参照。就像大多数走进西南部地区的早期旅行者都曾描绘说高山河流是如何清澈，怀疑的声音却始终存在——或许他们是刚巧在最好的季节看到了这些河流呢。研究水土流失的专家们没有基准参照系，直到在奇瓦瓦州的马德拉山脉发现了非常接近于描述的河流，因为印第安人的威慑，它们从未被开发，也不曾遭遇放牧，就算是最糟糕的时候，河水也只呈现出淡淡的乳色，绝不会混浊到妨碍鳟鱼捕捉蚊蝇。苔藓顺着河岸一直爬到水面边缘。在亚利桑那州和新墨西哥州，类似的河流两旁大都排布着长长的鹅卵石带，没有苔藓，没有土壤，几乎看不到一棵树。通过建立一个国际科研站来对马德拉山脉的荒野加以保护和研究，从而同时为边境线两侧的生病土地提供治疗的参照体系，应当会是一个值得考虑的睦邻协作方式。

简单地说，所有现存荒野，无论大的还是小的，都可能具备成为土地科学中基准参照体系的价值。游憩不是它们唯一的用途，甚至不是最重要的用途。

Wilderness for Wildlife

野生动植物的荒野

国家公园并不足以成为保护大型食肉动物生存的手段——北美灰熊的危机近在眼前，何况公园体系中灰狼的消失已成事实。同样，它们也不足以保护盘羊——事实上，大多数羊群的规模都在萎缩。

导致这些状况的原因有时候很清楚，有时候却模糊不清。对于像灰狼这样活动范围极广的物种来说，公园当然还是太小了。由于某些尚不清楚的原因，许多动物物种很难在群体孤立的情况下繁衍兴旺。

要拓展荒野动物的生存空间，最可行的途径在于国家森林，它们更加荒凉，通常围绕在国家公园外，能够以公园的形式在保护受威胁物种方面发挥功用。然而，现实中它们并没有被赋予这样的功能，北美灰熊便是可悲的例证。

一九〇九年，当我第一次看到西部时，每一个主要的群山汇集之处都有灰熊出没，可是你很可能连续旅行好几个月也遇不上一名护林员。如今，几乎"每一丛灌木背后"都有一个顶着某种名义的环境保护工作者，然而，随着野生动植物机构的增长壮大，我们最高大威武的哺乳动物却坚定地持续退向加拿大边境。官方数据称美国境内有六千头灰熊，其中五千头都在阿拉斯加，此外就总共只有五个州还有零星分布。这似乎表明了一种心照不宣的态度：只要加拿大和阿拉斯加还有熊，那就够了。在我看来，这并不够。阿拉斯加的熊属于另一个种类。去阿拉斯加寻找北美灰熊，就像到天堂寻找幸福一样，永远都可望而不可即。

拯救北美灰熊需要一系列的广袤地域，其中应当没有公路，也没有家畜，或者说，家畜造成的危害应当控制在可被消化弥补的范畴内。要建立这样的区域，收购分散的牧场是唯一的办法，但纵使当局大手笔买下并改变了土地的用途，环境保护机构在达成最终目标方面其实并没有任何成长。据说林务局已经在蒙大拿州建立了一片灰熊保护区，可我知道，同样是林务局，正在犹他州大力推动绵羊产业，丝毫不顾及一个事实：犹他州内拥有北美灰熊现存唯一的栖居地。

永久性灰熊保护区和永久性荒野无疑只是同一问题的两种说法。无论对哪一项的热爱都要求环保工作具备长远的目光和基于史实的远景蓝图。唯有看到了自然演化这幕大戏的人才能不负众望，对荒野这个剧场，或剧场的杰出成就灰熊做出评估。若是教育真的能教给人们点儿什么，那么，迟早有一天，会有越来越多的城市居民懂得，正是旧西部的遗产赋予了新西部更多的意义和价值。然而，当未来的年轻人循着刘易斯和克拉克[140]的足迹撑船沿密苏里河逆流而上，或是追寻着詹姆斯·卡彭·亚当斯[141]的身影行走在内华达山脉时，每一代都会问：大白熊[142]在哪里？如果到时我们不得不回答说，在环境保护主义者还没有察觉的时候它们就已经消失了，那该是多么遗憾啊。

Defenders of Wilderness

荒野守护者

荒野是一种不可再生资源，只会萎缩，不会增长。通过游憩、科研或野生动植物保护等方式，可以遏制或延缓它遭到侵蚀的速度，但要真正创造一片新的荒野，严格来说是不可能的。

这就意味着，任何荒野保护项目都是一场守卫战，需要通过它们将荒野的退化减小到最低限度。一九三五年，"为了拯救美国现存的荒野"，荒野协会建立。

然而，只有这样一个协会还不够。除非具备荒野概念的人遍布所有环保机构，否则，很可能直到行动时机错失之后，协会才能获悉又有新的破坏出现。更进一步说，一个兼具荒野意识和战斗力的公民少数派也是必不可少的，他们要能够随时监控全国动态，必要时还得能随时采取行动。

在欧洲，荒野已经退到了喀尔巴阡山脉和西伯利亚，每一位有见识的环保主义者都为它的失落而痛心惋叹。就连英国，这个几乎比任何其他文明国度都更加缺乏富余土地空间的国家，都采取了虽然迟来却颇具生命力的补救行动，以挽救那寥寥几处小面积的半荒野地带。

归根结底，认识荒野的文明价值是一种能力，更扼要地说，问题只有一个：如何保有具备知性的谦恭。头脑狭隘的现代人丢失了立足于土地的根，却自以为已经找到了重点——那些他们那般喋喋不休高谈阔论的帝国霸业、政治经济，那些他们以为会光耀千古的东西。唯有学者才会对组合成历史的所有小小片段心怀感激，自一个简单的起点开始，人类一次又一次回归，以重整旗鼓开启另一段寻找恒久价值体系的探索旅程。唯有学者才能懂得，为什么说，恰恰是原始的荒野为人类社会提供了定义和意义。

土地伦理　The Land Ethic

当天神一般的奥德修从特洛伊战场上回到家中时，他用一条绳子一气绞死了十二名女奴，理由是怀疑她们在自己离家期间行止不端[143]。

这场绞杀不存在正当与否的问题，那些女孩是他的财产。那个年代，处置私人财产完全是个人权利，没有对错之分。今天依旧如此。

奥德修时代的希腊并不缺少是非对错的概念——看看他的妻子是怎样在漫长岁月里坚守忠贞，终于等到他驾着黑首帆船自幽暗昏黑的海上破浪返回家园的吧。那个时代的伦理架构中有妻子们的一席之地，却尚未延及身为有形财产的奴仆。在过去的三千年里，伦理规范已经扩展到了许多行为领域，相应地，私人裁决能够全权掌控的部分亦随之缩减。

The Ethical Sequence
伦理演进

事实上，伦理范畴的扩张是生态演化中的一种进程，然而，至今仍然只有哲学家对此给予了关注。它的演变过程可以用生态学的方式来描述，也可以用哲学术语来阐释。从生态学的观点看，每一种伦理道德都形成于生存斗争中，都是对行动自由的一种限制。从哲学的角度看，每一种伦理道德都是社会行为与反社会行为的区别之所在。这是对同一事物的两种定义。这一事物的根源存在于相互依存的个体或群体偏好之中，随后演变为合作的模式。生态学称之为"共生关系"。政治与经济之间便是高级的共生关系，在这种关系里，原始的全开放式自由竞争已经被伴有伦理道德内涵的合作机制所部分取代。

合作机制的复杂程度随着人口密度的增长和工具效能的提高而与日俱增。举例来说，在乳齿象[144]年代对棍棒石头的反社会性使用加以定义，与在机械时代就子弹和公告牌的使用加以界定，两者相较，显然是前者更简单。

第一层面的伦理着眼于处理个人与个人之间的关系，《摩西十诫》便是一例。随后发展到处理个人与社会之间的关系。"黄金法则"[145]力图将个人整合入社会，民主思想则试图令社会体制关注到个人。

至今还没有一种伦理对应到人与土地、人与生长在土地上的动植物之间的关系。土地就和奥德修的女奴一样，仍然只是财产。

198

基于土地的一切关系都依然局限于经济范畴内，只见权利，不思义务。

如果我对眼下种种迹象解读无误的话，在人类生存环境的范畴内将伦理扩展至第三个层面，是一种演进的可能，也是生态的需要。这是演进序列中的第三步。前两步已经做到了。自以西结和以赛亚时期[146]以来，独立的思想者早已公开发表意见，认为对土地的掠夺非但不智，更可谓大错。只是社会至今没有确认他们的观念。但我以为，当前的环境保护运动正是这种确认的萌芽。

伦理也许可以被视为一种迎合各种生态情境的导引模式，或许是因为它实在太新，或者是因为太复杂，又或者因为受制于太严重的延迟反应，以至于普通个人很难从社会利益的角度出发寻找到通衢大道。引领个人适应此类情境的导引模式是动物性本能。伦理或许是某种正在逐步成型的集体本能。

The Community Concept
共同体概念

所有已经成型的伦理道德都基于一个简单的前提：相互依存的诸多部分组成了共同体，个体只是其中的一员。直觉促使它为了自己在群体中的地位而参与竞争，与此同时，伦理道德则推动它投身合作（也可能是为了获得一个有机会参与竞争的位置）。

土地伦理只是将共同体的外延扩大，将土壤、水、植物和动物都纳入其中，或者可以用一个词来表示它：土地。

这听起来很简单，我们不是已经对自由的土地和勇士的家园[147]歌唱出我们的爱与责任了吗？是的，只是我们爱的究竟是什么，是谁？必然不是土壤，我们正乱糟糟地将它们送往河流下游。必然不是水，除了推动涡轮转动、承托驳船漂浮和冲刷污物外，我们认为它毫无用处。必然不是植物，我们将它们整个群落连根拔起，眼都不眨一下。必然不是动物，我们已经消灭了若干最大、最美丽的物种。土地伦理当然无法阻止这些"资源"的变迁和对它们的管理、利用，但却可以确认它们继续存在以及至少在有限的范围内保持自然状态的权利。

简单地说，土地伦理将改变现代人类在土地共同体中扮演的角色，使之从征服者变为共同体内的普通成员和公民。这意味着对其他正式成员的尊重，同时也是对于共同体本身的尊重。

在人类的历史中，我们已经学会了（但愿如此）一个道理：但凡意图扮演征服者的，到头来总是难免作茧自缚，殃及自身。为什么？因为这样一个角色隐含着固有的意味：征服者拥有至高神权一般的权威，他完全清楚令共同体得以生存发展的究竟是什么，也确切了解共同体生态中的哪些东西与哪些人是有价值的，哪些人和物又一文不值。可结果却总会证明他对两者都一无所知，也正因如此，他的征服最终必定招致自败。

在生物共同体中，类似的情形同样存在。亚伯拉罕[148]深知土地的意义：它泌出牛奶与蜂蜜，滴入亚伯拉罕口中。时至今日，我们对这一设想的确信程度与教育程度形成了反比。

今天的文明人普遍相信，科学知道是什么维持着共同体的生存运转；而科学家同样确信，他们其实并不知道。科学家们清楚，生态机制的问题如此复杂，人类或许永远也无法完全了解它的运转方式。

事实上，人类只是生态团队中的一员，从历史的生态解读中可以稍稍窥见这个团队的端倪。迄今为止，许多历史事件都只是从人类的角度得到了解读，而事实上，它们无不是人类和土地之间生物交互作用的体现。在主导事实发展的决定性因素中，土地的特质与生存在土地上的人类的特质同样重要。

若要论及实证，想想密西西比河谷的拓居者吧。独立战争后的那些年里，有三个团体争夺着它的控制权：印第安原住民、法英商人和美国拓荒者。历史学家们想知道的是，在当年殖民者迁入肯塔基那箭竹之地的事件中，当起到决定作用的天平还摇摇晃晃时，如果底特律的英国人在印第安人那头稍稍多加一点砝码，又会发生什么呢。如今是时候思考这一事实了，正是由于放牧的牛群、铁犁、火和拓荒者的斧头之力齐齐加诸这片土地，箭竹之地才变成了蓝草之州[149]。如果说，在以上种种力量的综合作用下，这片黑暗血腥土地上的植物演替给我们留下的是某种毫无价值的苔草、灌木或杂草，那又将如何？布恩和肯顿[150]还能坚持下来吗？会有人口流入俄亥俄、印第安纳、伊利诺伊或密苏里诸州吗？还会发生路易斯安那购地案[151]吗？还会有横贯大陆的新州联盟吗？还会爆发南北战争吗？

肯塔基只是历史大戏里的一章。我们通常会被告知，人类演员在这场大戏中试图做什么，却鲜少被告知，他们最终的成功与否在很大程度上系于特定土地面对占有者施加的特定强力时所做出的反应。在肯塔基的案例中，我们甚至不知道禾草来自哪里——它们究竟是本地物种，还是从欧洲跑来的偷渡者？

箭竹之地与后来给了我们许多思考的西南部地区足以形成对比，西南部的拓荒者同样勇敢、机智、坚忍不拔。在那里，人居带来的后果不是禾草，也不是其他经得起粗暴利用与摔打折腾的植物。当牧群开始大啃大嚼，那片区域给出的回馈是越来越缺乏价值的一系列草地、灌木和杂草，由此铸成了摇摇欲坠的脆弱生态环境。植物种类的每一次衰退都会令地力受损，每一次地力受损的累积带来的都是更进一步的植物衰退。到了今天，结果就是愈演愈烈的恶性循环，不但植物和土壤，就连生活其上的动物群落也被卷了进去。早期的移民者并不期望看到如下情景：在新墨西哥州，某些美国西南部特有的湿地里甚至出现了排水的沟渠。这样的改变进行得如此悄无声息，以至于几乎没有本地居民意识到这一点。旅行者更是完全看不到，他们只觉得这片蒙难的土地景色迷人、绚丽多彩（它的确是，但与一八四八年的景象已截然不同了）[152]。

同样的风景从前也曾被"开发"过，却伴随着不同的结果。前哥伦布时代里，普韦布洛人[153]就生活在西南部地区，只是他们恰巧不懂得放牧牲畜。他们的文明衰亡了，但原因并非土地的衰亡。

在印度，人们选择不毛之地居住，采取的应对方法简单原始，只是割下草来搬回家喂牛就好，不必将牛带到草地上。显然，这不会破坏土地（这是源于某种深谋远虑的智慧，抑或只是碰巧好运？我不知道）。

总而言之，植物的演替决定着历史的进程。无论好坏，拓荒者直白地体现了土地内在的演替进程。历史会在这样的精神下得到教益吗？它会的，只要将土地视为共同体的概念能够真正渗入到我们的认知世界中。

The Ecological Conscience
生态良知

环境保护是一种人与土地和谐共存的状态。尽管已历经了近一个世纪的宣传，环境保护的步伐依然有如蜗行，而所谓进展，很大程度上依然只是纸面上的文字和集会里的豪言壮语。在偏远地区，我们的环保步伐仍旧是进一步，退两步。

面对这般困境，人们给出的解决方案通常是"加强环境保护教育"。没有人会质疑，是否真的只有教育体量需要提高？环保的内涵是否也同样有所缺乏呢？

很难在三言两语间对其内涵做出公正的概括，但是，照我的理解，今日的所谓环保，实质上大抵如是：遵守法律，正当行使投票权，加入某些组织，在自己的土地上实践某种有利可图的环保，最后，政府负责余下的部分。

这样的模式会不会太简单，以至于无法达成任何有意义的事？它没有界定对错，没有分配义务，不要求牺牲，不动摇现有的价值观。对于土地的使用，它只是呼吁理性的利己主义。这样的教育能带我们走出多远？或许下面这个实例能提供部分答案。

早在一九三〇年以前，除了对生态话题完全视而不见的人，大家就都已经清楚，威斯康星州西南部的地表土壤正在向海洋流失。一九三三年，农民被告知，如果能够在五年内坚持采取一定的补救措施，政府将派出民间护林保土队帮助他们，此外还无偿提供必要的机械设备和物料。这一提议得到了广泛的响应，但五年合同期一过，这些措施便同样广泛地遭到了遗弃。只有能够带来立竿见影经济收益的措施才能让农民们坚持下去。

　　这引出了一个新的观点：如果能够允许农民自行制定规则，或许大家可以学得更快。于是，威斯康星州立法院于一九三七年通过了《土壤保护区法》。它以法令形式告诉农民："我们，社会官方，将向你提供免费的技术服务和用于购置专业设备的贷款，前提是你们制定出自己的土地使用条例。每个县都能自行制定规则条例，这些条例都将具备法律效力。"几乎所有县都立刻行动起来，摩拳擦掌，准备接受这项帮助，然而，十年过去了，还没有一个县写出了哪怕一条规则。等高条植、草场修复、播撒石灰改良土壤等实践已经取得了明显的进展，但防牧护林毫无进展，将耕犁和乳牛逐出高山坡地的行动也一无所成。一言以蔽之，无论如何，农民都会选择有利可图的补救措施，而忽略有益于生态共同体却无法为个人带来明显利益的措施。

　　若是有人问为什么没有相关法令，他会被告知，社会还没有做好支持法令的准备，教育必须先于法令。可是，除了诠释私利，现实中日益普及的教育并未涉及人类对土地所应承担的义务。最终的结果便是，教育越多，我们的土壤和健康丛林就越少，像一九三七年那样的洪水[154]就越发泛滥。

如此情势之下，令人不解的是，超越私利以外的土地义务被理所当然地认为只是促进乡村地区发展，具体体现为改善道路、学校、教堂乃至于棒球队的状况。至于改善水之于土地的作用，或保护乡村风景的美丽与多样性，其存在却不被视作理所当然，甚至根本从没被认真讨论过。土地使用伦理至今仍完全受控于利己主义的经济利益，情形一如百年前的社会伦理。

总结一下：我们要求农民在方便的前提下采取措施留住他的土壤，他这样做了，也仅仅做到这一步。假设一个农民砍去了山坡上百分之七十五的树木，在砍伐后的林地上放牧他的奶牛，任由雨水将石头和泥土冲进本地溪流中，但只要其他行为得当，他仍然可以是社区内备受尊敬的一员。如果他还在地里撒了石灰，遵照等高条植法种植庄稼，就仍然有权享受他"土壤保护区"的特权和福利。保护区是社会机器中漂亮的一页，却被两大汽缸呛得咳嗽不止，因为我们太过怯懦，太过急功近利，才无法将义务的真正含义告诉农民。不谈良知的义务是没有意义的，我们面临的问题，是要将社会良知的范畴从人类自身扩展到土地。

伦理道德的重大变革从来绕不开人类的内在转变，这关乎理智的偏向、忠诚的归属感、情感的喜好和坚定的信仰。事实证明，环境保护还不曾触及这些根本点，因为哲学与宗教都尚未涉及这一领域。我们想让环保变得容易一些，结果却只是让它沦于琐碎。

Substitutes for a Land Ethic
伪土地伦理

历史的逻辑渴求面包，可我们递上的却是石块。于是，我们只好搜肠刮肚地试着辩解，说石块和面包是多么相似。现在，我要在诸多替代了土地伦理的石头中挑出几块来说一说。

完全基于经济动机的环境保护系统有一个根本缺陷，那就是，土地共同体中的绝大多数成员都是没有经济价值的。野花和鸣禽便是例子。威斯康星州拥有大约两万两千种原生的高级动植物，其中，可用于售卖、培育、食用或其他经济用途的能否超过百分之五都值得怀疑。然而，所有生物都是生态共同体中的成员，如果（就像我坚信的）生态共同体的稳定性取决于它的完整度，那么它们就有权利继续生存下去。

当某个没有经济价值的物种受到威胁，而它恰巧又得到了我们的喜爱，我们便会编造种种理论，赋予其重要的经济价值。二十世纪初，人们认为鸣禽正在走向灭绝。鸟类学家慌忙拿出一些明显不可靠的证据来施救，大意无非是，如果没有鸟类加以控制，昆虫将吃光我们的一切。为确保有效，证据必须是基于经济层面的。

今天再回头看这些迂回的托词实在令人痛苦。我们还没有形成土地伦理，但至少更加接近正确的方向。也就是说，我们认为，不管能否为人类带来经济利益，鸟儿都拥有生存的权利，理应得以存续。

同样的情况也存在于肉食类哺乳动物、猛禽和以鱼类为食的鸟类中。曾经，生物学家拼命寻找证据，以证明这些生物通过猎杀孱弱动物维持了生态圈的健康运转，通过控制啮齿动物数量为农民提供了帮助，或力图证明它们捕食的都是"无价值"的物种。再一次，为确保有效，证据必须是基于经济层面的。直到近年来我们才听到了一些更加诚实的声音，承认食肉动物是共同体中的成员，没有任何特殊的利益群体有权利为了自身的收益、现实需求或喜恶而将它们赶尽杀绝。不幸的是，这样具有启发性的开明观点还只停留在口头阶段。现实中，食肉动物的灭绝行动依然欢天喜地地继续着：我们眼看着国会、环境保护部门和许多州立法机构颁布出一条又一条法令，将灰狼步步逼入旦夕存亡的境地。

有些种类的树木已经被满脑子经济的林业工作者"驱逐出境"，只因为它们生长得太慢，售价太低，不能作为经济木材加以栽培。北美香柏、落叶松、柏树、山毛榉、铁杉都在其列。从生态学的观点看，欧洲的林业更先进一些。在那里，非经济树种被视为原生森林共同体中的成员而得到同等的合理保护。此外，包括山毛榉在内的一些树木已经被证实有益于增加土壤肥力。森林与构成森林的各类树木、地表植物、动物的相互依存关系已成共识。

有时候，缺少经济价值不只是某个物种或群落的特点，更是整个生态共同体的特点，比如湿地、泥炭沼泽、沙丘、荒漠。在这种情况下，我们惯常的做法是将保护工作交给政府，等待政府把它们划为保护区、遗址或公园。麻烦的是，这些共同体中常常混杂着更加"有价值"的私人土地，政府很可能无法拥有或控制这些零星的小块土地。最后，我们只得任由它们中的一部分成片地大面积消失。而如果土地的主人具备生态意识，他就能成为一个骄傲的监管者，容许这类区域在自己的土地上占有适当比例，令他的农场和生态共同体更加多样而美丽。

有时候，人们想当然地认为在这些"荒芜"区域里无利可图，事实却证明他们错了，只是这一点总在它们已消失大半之后才被认识到。眼下，人们争先恐后地引水回灌麝鼠生活的沼泽，这便是最好的例证。

在美国，一个明显的环保倾向是，将所有私人土地所有者没能做到的必要工作交托给政府。政府拥有、政府经营、政府补贴、政府管理，这些方式如今盛行于林业、草原管理、土壤和水域管理、公园和荒野保护、渔业管理、候鸟管理等诸多领域，而且还在继续扩展。这类政府性保护的发展大都恰如其分、合情合理，其中有的更是不可缺少。我并非对此不以为然，事实上，我几乎穷尽了大半生为之工作。尽管如此，问题还是来了：这项事业最终能达到怎样的规模？以税收为资金基础，能够支撑它所有终端的运转吗？政府保护是否会像乳齿象一样，最终为自身体量所累，临界点又在哪里？如果还有可能寻找到一个答案的话，或许就应该求诸土地伦理，或是其他能够将更多义务分配给私人土地所有者的力量。

面对国有土地和政府管理的扩展，产业化下的土地所有者和使用者，特别是木材业者和畜牧业者，往往更想高声发出长长的悲叹。然而（除了大名鼎鼎的特例之外）他们几乎不曾表现出丝毫意愿来推动唯一可见的替代方案——自发在他们拥有的土地上实践环保。

当个人土地所有者被要求采取某种无利可图却有益于生态共同体的举措，今时今日之下，他只会拖延推诿、阳奉阴违。如果这项举措需要耗费他的金钱，这反应倒是合情合理，可若它只是要求一点点远见、开放的头脑或时间，那就至少值得讨论一下了。近年来土地使用补贴的开支迅速增长，这在很大程度上必须归咎于政府自身的环境保护教育机构，也就是土地管理部门、农业大学和关联服务机构。就我所知，它们教授的内容从未涉及土地伦理责任。

总结一下：如果单纯以经济的利己主义为基础，环境保护体系必定失衡，走上死路。这样的体系往往容易忽略土地共同体中缺乏商业价值的众多元素，进而最终将其逐出共同体，然而，正如我们所知，它们其实是共同体健康运转中不可或缺的部分。我以为，它错误地假设了生态时钟能够脱离非经济的部分而单纯依靠经济部分运转。它倾向于将许多职能交付给政府，以至到最后，过于庞大、复杂、牵涉过广的职责必将超出政府的能力，无法落实。

令私人土地所有者承担起属于自己的土地伦理责任，是现有形势下我们能看到的唯一解决方案。

The Land Pyramid
土地金字塔

一种伦理若要能够就土地与经济的关系给予指导和补充，前提是具备将土地视为完整生命体系的心理意象。只有在与能够看到、感觉到、理解、爱或交付信任的对象发生关系时，我们才有可能考虑伦理。

环境保护教育中采用的意象通常是"生态平衡"。由于种种过于冗长而不便在此赘述的原因，这一修辞形象没能准确表达出我们对于土地体系的了解究竟有多么贫乏。更加真实的是生态学所采用的意象，"生物金字塔"。首先，我得将这座金字塔作为土地的象征符号加以勾勒，然后再从土地使用的角度探讨它所带来的一些启发。

植物自太阳汲取能量。所获能量在名为"生物区系"的循环中流转，一个生物区系就可以被描绘为一座包含多个层级的金字塔。最底层是土壤，植物层建筑于土壤之上，昆虫层建筑于植物之上，鸟类和啮齿类动物层在昆虫层之上，就这样，不同动物群体一层层向上叠加，直至最顶端，顶端层级由大型食肉动物构成。

处于同一层的不同物种之间有其共同点，但不在于它们来自哪里或拥有怎样的外形，而在于它们以什么为食。每一层都依赖与之相邻的较低一层，从中获取食物，往往还包括其他供给，反之，每一层都为自己上方的那一层输送食物和供给。从下往上，层级渐高，生物数量亦随之递减。就这样，每一个大型食肉动物之下对应着数以百计的猎物，数以千计的猎物之猎物，数以百万计的昆虫，不计其数的植物。整个体系的金字塔形态反映了从塔尖到基座的数字累进进程。人类和熊、浣熊、松鼠等荤素杂食性动物共处同一中间层级。

基于食物和其他供给的序列被称为"食物链"。如今，像"土壤—栎树—鹿—印第安人"这样的食物链大都被"土壤—玉米—

210

奶牛—农民"链条所取代。每个物种，包括我们自己，都是多个食物链中的一环。除了栎树，鹿还吃上百种其他植物。牛也一样，除了玉米，还有上百种植物可供它们选择。就这样，两者都同时在上百条食物链中充当着链环的角色。金字塔便是无数食物链交错编织而成的集合体，其中关系如此复杂，以至于看起来好似无序，可整个系统的稳定性却早已证明了，它是高度有序的结构。生物金字塔的正常运转仰赖于其丰富多样的组成部分之间的协作与竞争。

最初，生命的金字塔低矮扁平，食物链也都短小单一。是自然演化改造了它，一层层向上叠加，一环环不断接续。数以千计的衍生物种造就了金字塔的高度和复杂程度，人类只是其中一种。科学为我们带来了许多疑问，但至少，它为我们提供一个确定无疑的结论：自然演化的走向就是令生物区系越来越复杂多样。

由此可见，土地并不只是土壤，它是能量的源泉，使能量得以在由土壤、植物和动物组成的生态圈中流动循环。食物链是生命的通道，将能量向上传递；死亡和腐朽则将能量送归土壤。这个圈子不是闭合的，有的能量会在腐烂过程中消散，有的能从空气中得到补充，有的会储存在土壤、泥炭和年代久远的森林里；但它是延续不断的，就像缓慢增长且流转不歇的生命基金。向下冲刷的水流总会造成一些损失，但通常很有限，岩石的风化剥落就足以弥补。它们被储藏在海洋里，待到下一次地质运动，再升起形成新的陆地和新的金字塔。

能量上传的速度和特性取决于动植物共同体的复合结构，一如树木中汁液的上传取决于它本身复杂的细胞组织结构。若没有这样的复杂结构，常规的能量循环大概就不会发生了。所谓结构，即构成金字塔的各物种所具备的特征数目，同时涵盖这些特征的种类和功能。土地的复合结构与它的流畅运转相互依存，共同构成一个能量体，这是它的基本属性之一。

当循环圈中的一个部分发生改变，其他许多部分也必须自行做出相应调整予以配合。改变未必会阻断能量流转或改变其流向，自然演进就是一系列漫长的自发式改变，最终目的是使得流转机制复杂化，加长能量循环圈。然而，渐进式的改变总是缓慢的，每一项改变都发生在局部。人类发明工具的能力令我们有了制造改变的可能，这种改变激烈、快速、涉及广泛，史无前例。

如今，动植物群的构成发生了一个变化。由大型食肉动物构成的金字塔顶被砍掉了，有史以来第一次，食物链不是变得更长，而是被截短了。来自其他土地的驯养物种代替了野生物种，野生物种被转移到了新的生存环境中。在这场全球范围的动植物联动过程中，有的物种逃脱控制变成了病害虫害，有的却遭遇了灭顶之灾。这样一些结果极少是刻意为之的，甚至不可预见——在整个架构中，它们表现为不可预知且往往无迹可寻的重新调整。农业科学在很大程度上就是在新的病虫害与新的防控科技手段之间展开的竞赛。

还有一种变化也会对动植物间的能量流动以及能量复归土壤的过程产生影响。这就是所谓地力，即土壤接收、储存和释放能量的能力。农业若是过度掠夺土壤，或是在以家养牲畜替换位于金字塔上层的原生物种过程中过于急进，就有可能扰乱能量循环，耗尽土地的能量储备。当土壤中的储备能量或用以储藏能量的有机物被消耗殆尽，它被冲刷走的速度就会快于形成的速度。这便是水土流失。

水系和土壤一样，也是能量圈的组成部分之一。由于工业污染水质及筑坝拦截水流等问题，某些动植物受到驱逐，而它们正是循环体系中保存能量所必不可少的部分。

交通运输业带来了另一个根本改变：生长在一个区域的植物或动物，却衰老、复归于另一个区域。交通窃取了储藏在岩石与空气中的能量，投放到了别处。就这样，我们用来自赤道另一侧的氮肥肥沃自己的花园田地，在那里，鸟儿捕食海洋中的鱼，排出鸟粪石，将氮元素藏在其中。也就是这样，原本安居一地、自给自足的能量圈被拽入了覆盖全球的大圈中。

出于人类需求而强行改变金字塔必定消耗储备能量，只是，在拓荒阶段，这一过程却往往呈现出野生动植物与人工养殖物种并存共荣的虚假繁盛景象。生物资本的这类消耗通常会遮盖或推迟野蛮开发导致的惩罚。

在以上的简单描述中，围绕将土地视为能量圈的观点，传达了三个基本概念：

（1）土地不只是土壤。

（2）本地原生的植物和动物能够保证能量圈的通畅；其他物种则未必，可能行，可能不行。

（3）人为改变与渐进式自然演化的秩序不同，前者带来的影响比人类预期或能够预见到的更加深远复杂。

综合上述概念，可以导出两个基本问题：土地能否自我调整以适应新的秩序？我们渴望的改变能否以较为温和的方式达成？

不同的生物区系似乎对于粗暴改造的承受力并不一样。比如说，西欧如今的土地金字塔与当年恺撒大帝[155]看到的已经大不相同了。有的大型动物消失了；沼泽森林已经变成了草原或耕地；许多新的植物和动物被引入进来，其中有的失控成了有害外来物种；留存至今的本地生物在地域分布和数量上也发生了巨大的变化。然而，土壤还在，仍旧肥沃——全靠引进氮肥的帮忙；溪流河水还照常流淌着；新的金字塔结构似乎运转良好，还能坚持下去。整体循环体系中，找不到明显可见的阻滞或紊乱。

也就是说，西欧拥有一个强韧的生物群系。它的内在程序强健而有韧性，经得住拉扯。无论发生多么激烈的改变，至少到目前为止，它的金字塔总能找到某种新的缓冲方案来维持其生态环境，使之可适宜人类及大多数本土物种继续生存。

如今看来，日本大概也是经历了剧烈改变却没有陷入混乱无序的又一个例子。

大多数人类文明区域——其中有的还仅仅是刚被人类文明触及——都表现出了不同程度的无序状态，从轻微萌芽到严重耗损，各不相同。在小亚细亚和北非地区，气候变化是一大困扰，它可能是事情的起因，也可能是严重损耗导致的结果。美国的无序程度各地不同：西南部、欧扎克地区[156]、南部部分区域最为严重，新英格兰[157]和西北部最轻微。在尚未完全开发的地区，还有望实践较好的土地利用方式。墨西哥、南美洲、非洲南部和澳大利亚的部分地区正处在严重且仍在日益加剧的损耗过程中，但我无法评估前景究竟会怎样。

这种土地的无序几乎在全世界都有所体现，就像是动物染上的疾病，只是还未达到引发彻底混乱或死亡的地步。即便土地得以休养生息，它的综合复杂程度也多少受到了损害，其承载人类、植物和动物的能力已经被削弱。眼下许多被誉为"机遇之地"的生物区系，事实上是靠掠夺式农业为生，也就是说，它们所负荷的已经超出了当地土地长期以来的承载力。就这个层面而言，南美洲大部分地区都人口过剩了。

在干旱地区，我们试图通过复垦来抵消损耗，但太多证据表明，原本预期能够长久运转的复垦工程往往寿命不长。就我们自己的西部而言，最好的项目也坚持不过一个世纪。

历史和生态学证据似乎共同证明了一项通行的推论：改变越温和，在金字塔的调整上获得成功的可能性就越大。相对的，改变的剧烈程度与人口密度有关，稠密的人口更倾向于要求较为剧烈的改变。在这一点上，北美洲实现持续发展的机会要高于欧洲，前提是它能有效控制住人口密度。

这一推论与我们当前的逻辑背道而驰，后者假设：既然少量的人口增长能够令人类生活富足，那么无限的人口增长也将带来财富的无限增长。生态学知道，没有什么密度关系能够承受无止境的扩张。一切因密度而得来的收益都受制于边际效益递减法则。

无论人与土地之间存在怎样的方程式，至少到目前为止，我们还没什么可能通晓其中所有的关系。最近有关矿物质和维生素营养素的发现无疑揭示了上行链条中的依赖性：某些物质中微量至不可思议的元素决定了土地之于植物的价值，进而决定植物之于动物的价值。那么，下行链条又是怎样的？那些正在消失的物种，那些被我们视作美学珍品而加以保护的物种是怎样的？它们都在土壤的建设中出过力——那么它们是否也以某种我们还未知晓的方式扮演着土壤延续中不可或缺的角色？韦弗教授提议利用草原野花来重新固化风沙侵蚀区的浮土，可谁又知道，有朝一日，鹤与美洲鸢、水獭与灰熊不会也有什么用途呢？

Land Health and the A-B Cleavage
土地健康和A-B阵营分歧

一套土地伦理就是一种生态良知的体现，反过来，它也显示出一种信念，即个体对于土地健康负有责任。这里说的土地健康，就是土地自我更新的能力。而环境保护则是我们在理解和保护这种能力方面做出的努力。

环保主义者内部纷争不休，以至于名声并不好。表面看来，这些似乎只是增加了一些困惑，然而，仔细探究便可以发现，它们实际上揭示了普遍存在于许多相关专业领域的单一层面分歧。每个领域里都有一个阵营（A）将土地视为土壤，认为其功能就在于产出可供交易的商品；同时有另一个阵营（B）将土地视为生物区系，认为它的功能范围更加宽泛。至于究竟有多宽泛，不可否认，目前还有诸多疑问，尚无定论。

拿我个人的专业领域林业学来说，阵营A就很是满足于像种卷心菜一样植树，将纤维素当成森林的基本产品。看来它并不打算制约暴力开发，它的观念是农业化的。而在另一边，阵营B认为林业与农业存在根本上的不同，因为前者关注自然物种，它的工作是管理自然生成的环境，而非创建一个人造的环境。阵营B原则上更青睐自然繁衍生产。面对类似美国栗树这样的物种灭绝[158]和北美乔松这样的濒危萎缩，阵营B的担忧不只出于经济层面，也同样出自生物层面。它会为下一级的整串森林功能而担忧，其中就包括了野生动植物、游憩、水域、荒野等地带。依我看来，阵营B已经触及了生态良知的萌芽。

在野生动植物领域里，类似的分歧同样存在。对于阵营A来说，基本的商品是狩猎和肉类，衡量成果的标尺是捕获的雉鸡或鳟鱼数量。作为权宜之计和作为固定手段的人工养殖都是可被接受的——只要单位成本许可。而另一侧的阵营B，考虑的是有关生态圈的细节问题。繁育一种猎物会让我们在大型食肉动物方面付出怎样的代价？我们是否应当进一步依赖外来物种？对于已经萎缩至无法作为猎物的物种，比如草原松鸡，该如何通过管理手段来恢复其规模？对于黑嘴天鹅和美洲鹤这样的濒危珍稀动物，又该怎样通过管理使其恢复？管理原则能否扩展至野生花草？在这里，我显然看到了与林业领域别无二致的A-B阵营分歧。

论及更大的农业领域，我比较缺乏发言权，但看起来其中也存在着同样的分歧。早在生态学诞生之前，科技农业就已经积极发展起来了，因此，大概可以判断，生态观念在这一领域的渗透将会较为迟缓。此外，由于行业技艺的天然性质，农民对生态区系的改造必定比林业工作者和野生动植物管理者更加彻底。尽管如此，农业领域内仍存在诸多不满，这或许有助于打开"生态耕作"的新视野。

其中最重要的一点大概是，新的证据表明，产量无法等同于农产品营养价值的衡量标准，产自肥沃土壤的作物无论在数量还是质量上都可能更加优越。在耗尽了地力的土壤上，我们可以通过施肥来提高产量，却未必能够同时提高产品作为食物的价值。有鉴于这个观点可能延伸扩展到极其广阔的分支范畴，我必须暂且放下它们，留待探讨。

尽管那些自我标榜"有机农业"的不满者总带着几分狂热信徒的模样，但他们至少是朝着生物学的方向前进，在对于土壤中动植物生态重要性的坚持上，这一点尤为突出。

农业与其他涉及土地利用的领域一样，其生态学基础很少为公众所了解。举例来说，即便受过教育，也极少有人认识到，最近数十年来最了不起的科技进步其实是施肥泵而非水井的改良。以土地换取土地，它们勉力弥补着不断下降的土地肥力。

在所有这些分歧中，我们一次次看到同样的根本矛盾不断重复，例如：作为征服者的人类与作为生物区系中一员的人类自相对抗，扮演磨刀石的科学与扮演宇宙探照灯的科学自相对抗，沦为奴仆的土地与身为有机集合体的土地自相对抗。在这一点上，罗宾逊对于崔斯特瑞姆的劝告或许也刚好适用于身为地质时代生物物种之一的现代智人：

> "无论愿或不愿
>
> 你都是王，崔斯特瑞姆，因为你是
>
> 离世之人中罕有的久经考验者，
>
> 当他们离开，世界不复从前。
>
> 你的痕迹早已留存刻镂。"[159]

The Outlook
展望

在我看来，有关土地的伦理中若没有对土地的爱、尊重和赞叹，若没有对其价值的高度认可，是不可思议的。至于价值，我所说的当然远不止经济价值，更有哲学意义层面的价值。

在土地伦理的演化过程中，阻碍其进程的最大障碍或许正是如下事实：我们的教育体系和经济体系都在背离强烈的土地意识，而非靠近。所谓"真正的现代化"，是经由许多中间人和无数物理意义上的工具，将人与土地割裂开来。人们与土地之间不存在休戚与共的关系。对许多人来说，土地只是城市与城市之间留出来供庄稼生长的空地。要是拿出一天在土地上放松休息，恰好那个地方又不是高尔夫球场或"风景名胜"，他们便会百无聊赖。假如水耕法能够完全替代农场来种植庄稼，那倒是很适合他们。用合成物替代木头、皮革、羊毛和其他天然的土地物产，也必定比直接使用原版物品更适合他们。总而言之，土地是他已经"脱离"了的东西。

关于土地伦理，还有一个几乎同样严重的障碍，那就是农民仍旧要么将土地当成对手，要么当成奴役他的工头。理论上说，农业机械化应该能够砍断束缚农民的链条了，但事实究竟如何，仍需存疑。

要想以生态的眼光理解土地，必不可少的就是对于生态的理解，这与"教育"的程度无关——事实上，许多高等教育似乎都小心翼翼地避开了生态学的内容。理解生态并不一定需要学过那些贴着生态学标签的课程，它更可能来自其他标签之下：地理学、植物学、农学、历史，或是经济学。这是理所当然的，毕竟，无论拥有怎样的标签，如今的生态意识培养还是远远不够。

若非还有公开反对这些"现代"趋势的少数派人士，在土地伦理的问题上，希望必定微乎其微。

在土地伦理的形成过程中，有一个拦路虎必须移除，方法很简单，只要不将合理使用土地视为单纯的经济问题就行了。除了短期经济效益，更要依照伦理和美学的是非标准来对每个问题详加考察。当一件事情倾向于保持生态共同体的完整、稳定和美好时，它就是正确的。若是走向别的方向，便是错了。

当然，我们能为土地做些什么，又有什么是不能做的，都受到经济可行性的制约，这是毋庸置疑的。过去如此，将来仍会如此。经济决定论的谬论一直以来勒在我们集体的咽喉上，认为一切对于土地的使用都由经济决定，这正是我们需要摆脱的。无数行为和态度——或许还要加上大部分与土地发生的关系——都取决于土地使用者的品位和偏好，而非他们的财力。在所有的土地关系中，与其说投资资金起到了决定性作用，倒不如说，大部分关系是以投资的时机、前景、技巧和信念为转移的。当一名土地使用者开始思考，他便也遵循了同样的规则。

我刻意将土地伦理表达为社会演化的成果，原因在于，此前从未有如伦理这般重要的东西被"写下来"。只有最肤浅的历史系学生才会以为是摩西"写下"了《十诫》——它是在一个擅于思考的群体头脑中逐渐形成的，只是为了方便详加讨论，才有摩西写下了这样一份暂时的摘要。我用到"暂时"这个词，是因为演化永远不会停止。

土地伦理的演化是一段理智与激情并重的进程。环境保护披着良善的外衣，结果却徒劳无功，甚至还带来了危险，因为无论对于土地还是对于以经济为导向的土地使用，它们都缺乏批判性的理解。当伦理的先锋从个体转向共同体时，其中所蕴含的知识也将随之增加。我想这已经是老生常谈了。

任何伦理道德都拥有同样的作用机制，即社会对于正确行为的认可，以及社会对于错误行为的否定。

总体说来，我们眼前的问题是态度和手段的问题。我们用一台蒸汽挖掘机重塑阿孚布拉，为挖出的土方数量骄傲不已。放弃挖掘机大概很困难，毕竟它有许多优点，可我们也的确需要更温和、更客观的标准来对它的成功运用加以评判了。

注释

1.（第 1 页）作者的妻子（Estella Bergere Leopold，1890—1975 年）和最小的女儿（Estella B. Leopold，1927 年—）都叫埃斯特拉。母亲出生于新墨西哥州，遇到利奥波德时是一名教师，能歌善舞，获得过威斯康星州女子射箭冠军。女儿是一名植物学家，从事植物、森林资源和第四纪地质年代的研究，曾任教于华盛顿大学。

前言

2.（第 4 页）包括犹太教、基督教和伊斯兰教在内的许多宗教统称亚伯拉罕诸教，其共同点是赋予亚伯拉罕极高的宗教地位或尊奉其为祖先。

卷一：沙乡年鉴

一月

3.（第 003 页）这里借用了气象术语，称"一月暖期"或"一月解冻"，特指北半球中纬度地区在一月中旬出现的气温上升、冰融解冻现象，但之后天气多会回冷。依照统计，相关地区冬季最低温通常出现在一月二十三日前后。

二月

4.（第 007 页）美国南北战争又称美国内战，于一八六一年四月爆发，至一八六五年五月结束。

5.（第 007 页）这里指的是十九世纪六十年代。

6.（第 007 页）栎树通称为橡树，其果实被称为橡子。

7. （第 007 页）这里指的美国十九世纪的西进运动，随着当时的美国向内陆开疆扩土，大量人口从东部向西部迁徙，由于过程中涉及对美洲原住民的强制迁徙和杀害，当时的移民路线也被称为"血泪之路"。

8. （第 008 页）考得（cord）是美国、加拿大等国惯用的木材体积计量单位，一考得的标准尺寸为 8*4*4 立方英尺，约合 3.62 立方米。

9. （第 009 页）美国曾于一九二〇年到一九三三年期间全面施行禁酒法案，禁止出售或公开饮用酒精度高于 0.5% 的饮品。禁酒令并未如预期般带来良好的社会秩序，反倒引发了走私、酿造私酒、黑帮横行等一系列社会问题。

10. （第 009 页）一说"掌锯者"就是作者的妻子埃斯特拉。

11. （第 009 页）"巴比特"特指"盲目追随中产阶级准则的人（特别是商人）"，出自美国作家辛克莱·刘易斯（Harry Sinclair Lewis，1885—1951 年）一九二二年出版的同名小说，小说主人公是一位名叫巴比特的商人。该书描绘了当时的美国社会与中产阶级的生活，畅销一时，并为作者赢得了一九三〇年的诺贝尔文学奖。

12. （第 009 页）这里指的是威斯康星州，下文同。

13. （第 010 页）位于威斯康星州东南部，拥有大量湖泊，因而有"湖乡"（Lake County）之称。

14. （第 010 页）该法令规定仅可狩猎雄鹿，不得猎杀雌鹿。

15. （第 011 页）即当时的威斯康星大学校长查尔斯·R. 范·海斯（Charles Richard Van Hise，1857—1918 年），他于一九一〇年出版了《美国自然资源保护》（*The Conservation of Natural Resources in the United States*）一书。

16. （第 011 页）霍里肯沼泽（Horicon Marsh）覆盖美国威斯康星州道奇县北部和丰迪拉克县南部，由更新纪冰川运动所形成的冰川湖演变而来，是美国最大的淡水蒲类沼泽地。

17. （第 011 页）北美洲美加边境的淡水湖群，也是世界上最大的淡水湖群，具体包括苏必利尔湖、密歇根湖、休伦湖、伊利湖、安大略湖五个湖泊。所在区域称"五大湖区"或"湖区"。

18.（第 011 页）属于威斯康星州首府麦迪逊市辖区，今州政府所在地。

19.（第 012 页）这里指的是十九世纪九十年代。

20.（第 012 页）美国发明家巴布科克（Stephen Moulton Babcock，1843—1931 年）发明了这种简便且成本低廉的方法，用以测量牛奶中的脂肪含量，并据此判定奶品品质，帮助乳品厂判断和应对不良奶农出售稀释奶或提取过部分奶脂的次品奶等以次充好的情形。

21.（第 012 页）即伊利诺伊州。

22.（第 012 页）麦迪逊最大的湖泊，就在威斯康星大学麦迪逊分校旁。

23.（第 013 页）位于美国明尼苏达州。

24.（第 013 页）位于美国威斯康星州格林县，现在是州立自然保护区。

25.（第 014 页）佩什蒂戈大火（Peshtigo Fire）发生于一八七一年十月八日，被称为美国十大自然灾难之一，由于久旱、高温、西风和易燃的林地环境等多种因素叠加，起火后火势愈演愈烈，甚至越过佩什蒂戈河，烧毁了十数个村镇和上百万英亩的林地，造成一千五百至两千五百人死亡。

26.（第 014 页）芝加哥大火（Chicago Fire）在佩什蒂戈大火当晚发生，火势一直持续到十月十日早晨，九平方公里范围内的芝加哥城被夷为平地，三百人丧生。火灾起于德克文街的一处粮仓里，传说是奶牛踢翻放在草堆上的油灯引致起火。

27.（第 015 页）因克里斯·A. 拉帕姆（Increase Allen Lapham，1811—1875 年），美国博物学家、作家，被誉为"威斯康星首位伟大科学家"和"美国天气服务之父"。

28.（第 015 页）约翰·缪尔（John Muir，1838—1914 年），美国博物学家、自然作家、环保主义者和早期荒野保护倡导者，出生于苏格兰，著述颇丰。美国多处山峰、冰川、海滩乃至公路等均以"缪尔"命名。

三月

29.（第018页）大学优等生荣誉学会（Phi Beta Kappa）创立于一七七六年，是美国历史最悠久、声望最高的社会及自然科学荣誉团体之一，仅吸纳美国高等院校中最出众的学生为会员。学会名称来自希腊文，大意为"求知的热诚引领人生"。

30.（第019页）英文谚语里以"像乌鸦飞行一样"表示两点间最短的直线距离。

31.（第022页）即开罗会议，"二战"同盟国中的英、美、中三国在开罗举行首脑会议，就对日作战和战后亚太秩序重建达成协议，是为《开罗宣言》。

32.（第022页）更新世为地质年代，属于显生宙新生代第四纪，时间为距今约两百五十八万年至十一万七千年前。这一时期气候开始变冷，大多数动植物属种与现代相似，人类出现。

33.（第022页）前一部分列举的地名均出自欧亚地区，后一部分均为美国和加拿大地名。

四月

34.（第024页）披肩榛鸡靠快速拍动翅膀发声，振翅声由慢而快，低沉且富有穿透力，犹如鼓声，因此它们发声的行为也被称为"打鼓"。通常，它们会站在高处的枝头或木头上"打鼓"，站立处即被称为"振翅木"。

35.（第024页）田鼠体形小巧，主要栖居在陆地，而麝鼠是半水生啮齿动物，体形更大。

36.（第026页）伊利诺伊州和威斯康星州南部的特有称呼，是拓荒者建立居住点、发展农业的首选地点。

37.（第027页）北美五大湖区中最大的湖泊，横跨美加两国，南岸至美国威斯康星州和密歇根州。在全球淡水湖中，苏必利尔湖的湖面面积最大，蓄水量为第三。

38.（第027页）几种北美甲虫的俗称，多于六月前后在美国及欧洲出现，因而得名。

39.（第 027 页）乔纳森·卡弗（Jonathan Carver, 1710—1780 年），美国探险家、作家，出生于马萨诸塞州。一七五五年加入民兵组织，后进入军队并学会了测量、绘图技术。离开部队后受聘带领探险队探索通往太平洋的西线水路，在此过程中完成了对今明尼苏达州等西部地区的考察和地图绘制，一七七八出版著作《一七六六、一七六七、一七六八年穿越北美内陆行记》（*Travels Through the Interior Parts of North America in the Years 1766, 1767, and 1768*），首次涉及西向的大山脉（可能是落基山）并提出大陆分水岭概念，他也是首位探访密西西比河上游西部地区的英语写作者。

40.（第 027 页）今威斯康星州戴恩县布卢芒德村一带，最初因附近三座山丘均近似蓝色而得名。

41.（第 028 页）约翰·缪尔，见注释 28。《我的青少年生活》（*The Story of My Boyhood and Youth*）记述了作者成长时期的生活经历和住地周遭的风光。

42.（第 029 页）传统照度单位。大略说来，阴天的光照强度通常不超过一百英尺烛光。

五月

43.（第 033 页）这里指的是人工放牧的奶牛，它们取代了原本生活在荒原上的真正的北美野牛。

44.（第 033 页）一九一六年，美国和英国就候鸟保护达成公约，并于两年后制定相关法案，强制地方政府采取更严格的措施保护候鸟；一九三六年，美国与墨西哥也达成了保护候鸟和狩猎哺乳动物的公约。

六月

45.（第 035 页）作者在这里采取的是飞蝇钓法。钓鱼者站在河流或溪流中间，前后甩动渔线，以羽毛等制成的"假蝇"或蚯蚓蚱蜢等"真饵"为诱饵，模仿贴近水面的飞虫，从而吸引鱼上钩，多用来钓取性情凶猛的鱼类。

七月

46.（第 044 页）即地表松软的土壤、水流等之下的岩石层。

47.（第045页）黑鹰（Black Hawk，1767—1838年）是美洲原住民索克部族（Sauk）首领，由于美国政府于一八三〇年开始实施的印第安人迁移政策，黑鹰率领索克、梅斯克瓦基（Meskwaki）、基卡普（Kickapoos）三部族联军于一八三二年五月与美国军队爆发冲突，是为黑鹰战争（Black Hawk War），战斗持续至当年八月，最终原住民失利，被从世代居住的湖区驱赶至密西西比河以西。美国第十二任总统扎卡里·泰勒、第十六任总统亚伯拉罕·林肯和南北战争中南部邦联总统杰弗逊·戴维斯等都曾参加该战争。

麦迪逊（Madison）为威斯康星州首府，多湖泊，地处五大湖区。威斯康星河（Wisconsin River）是密西西比河的一条支流。

九月

48.（第050页）《万福玛利亚》（*Ave Maria*）是著名的天主教赞美诗，用以表达对圣母玛利亚的颂赞和尊重。舒伯特和巴赫都曾演奏过这首歌曲，曲名通常译为《圣母颂》。

49.（第051页）见注释42。

十月

50.（第055页）美洲茶树，又叫新泽西茶树，并非真正的茶树，为鼠李科灌木的一类，因其树叶曾在美国独立战争期间被用以替代茶叶而得名。

十一月

51.（第063页）出自《圣经·旧约·约伯记1:21》，全句是约伯在遭受考验失去家产、仆从及儿女时所说的："我赤身出于母胎，也必赤身归回。赏赐的是耶和华，收取的也是耶和华；耶和华的名是应当称颂的。"

52.（第070页）瘿（yǐng）又名五倍子，许多种类的雌瘿蜂会刺破植物嫩芽或嫩枝产卵，同时刺激植物生成圆形赘生物，幼虫孵化后的初期就是以瘿组织为食。

十二月

53.（第075页）这里化用了《圣经·旧约·创世记》中有关上帝造物的句式：

"神说，要有光，就有了光。神看光是好的，就把光暗分开了"。《创世记》中说，上帝花了六天时间造出天地万物，最后造人，并且"看着一切所造的都甚好"，于是在第七日收工休息，为这一天赐福，定第七日为"圣日"。

54.（第075页）在《圣经·旧约·创世记》的"伊甸园"篇里，亚当夏娃偷吃了能明辨善恶的果子，学会用无花果树叶遮羞，耶和华因此降下惩罚：女性要受生产之苦，男性必须辛苦劳作才能从土地里得到食物。

55.（第079页）古老的俗语，后用以指代具备完全行事能力、可主宰个人命运并享有权利的成年人。原文是"free, white, and twenty one"，来源不可确定，一说是过去可拥有投票权的男性公民所应具备的条件，"自由"指的是人身自由；一说"自由"是享受浪漫爱情和婚姻生活的自由。该说法在二十世纪三十年代的美国复兴，六十年代美国导演拉里·布坎南曾拍摄同名电影，均与黑奴及废奴运动有关。在这里，作者取"白色"和"二十一岁"的字面含义，指代北美乔松（white pine）的开花成熟期。

56.（第083页）鸟类没有牙齿，进食时通常是直接将猎物整个吞下，之后再吐出无法消化的部分，这种吐出来的团状物被称为唾余。

57.（第084页）熨斗街区位于纽约曼哈顿，得名自区内的纽约地标建筑熨斗大厦（Flatiron Building）。大厦为三角形，形似熨斗，建成于一九〇二年，是纽约城内历史最悠久的摩天大楼之一。

58.（第084页）原文是"keep calm"（保持冷静），作者在这里运用了"calm"一词"冷静"与"平静无风"的双关义。

卷二：漫行随笔

威斯康星州

59.（第090页）始新世为地质年代，属于显生宙新生代的古近纪（第三纪）时期，时间跨度为约五千六百万年至三千三百九十万年前。大部分哺乳动物在其后的渐新世崛起。

60.（第 077 页）本特·伯格（Bengt Berg，1885—1967 年），瑞典鸟类学家、动物学家、野生动物摄影师、作家，于一九一〇年前后开始野生动物摄影，是全球最早的野生动物摄影摄像者之一。

61.（第 077 页）巴拉布丘陵（Baraboo Hills，或称 Baraboo Range）是威斯康星州的褶曲地形，其中蕴含着高度蚀化的前寒武纪变质岩。丘陵全长约四十公里，宽度介于八至十六公里之间，东端形成于威斯康星冰河时期的冰川运动。原本由北至南的威斯康星河流至丘陵西端后转向东行。

62.（第 078 页）原文为"shitepokes"，由"shite（粪便）"和"poke（戳）"组成，源于鹭科鸟类一受惊扰就排便的习性，过去在美国被用以指代美洲绿鹭、夜鹭或美洲麻鳽。

63.（第 094 页）见注释 32。

64.（第 094 页）土地经济学名词，指农业价值低下，生产收益仅够弥补成本支出的土地。

65.（第 094 页）民间护林保土队简称 CCC（Civilian Conservation Corps，1933—1942 年），属于罗斯福新政的一部分，旨在整合社会救济与资源保护，缓解二十世纪二十年代开始的美国经济大萧条和中西部旱灾等问题，最初计划招募九千名十九至二十三岁的年轻人从事联邦托管土地的资源保护工作，后将年龄范围扩大到十七至二十八岁。下文提到的"头顶字母的环保主义者""大写字母"均指代包括 CCC 在内的各种政府或民间环保组织，它们大多习惯使用以大写字母表示的缩写简称。

66.（第 095 页）经济学名词，即产出收益不足以支付成本。

67.（第 095 页）均为土地科学术语。灰壤是针叶林、寒带森林及澳洲桉树林、欧石南荒原的典型土壤，特点是土质呈强酸性、结构不良、生产力低；潜育土也叫湿地土，土壤因长期滞水缺氧而发生较多还原反应的过程称为潜育，潜育会导致土地地力下降。

68.（第 096 页）比格弗拉兹（Big Flats）为纽约州市镇，靠近宾夕法尼亚，前身是埃尔米拉（Elmira）镇，美国独立战争时期，苏利文远征中的重要战役纽敦战役（Battle of Newtown，1779年）在此打响，目的在于捣毁与英国人结盟的易洛魁印第安部落（Iroquois），远征军摧毁了四十余处易洛魁联盟村庄，以易洛魁人溃败并逃入加拿大境内寻求英国人保护而告终。

69.（第097页）蚤缀，中文俗名鹅不食草，石竹科一年生草本植物，植株高10—30厘米，覆白色柔毛，开白花。柳穿鱼，应是原生于美国的"柳蓝花（Nuttallanthus）"，这一支传统上被归于玄参科柳穿鱼属，到二十世纪八十年代才分出另立柳蓝花属，早春开蓝紫色花。荸荠，中文俗名猫耳朵菜、狗荠、雀儿不食等，十字花科荸荠属一年生草本植物，植株高6—45厘米，开白花。

70.（第098页）意指漂流。奥德修（Odyssey）也译作奥德赛、奥德修斯，又称尤利西斯，古希腊英雄人物，以机智、果敢和坚毅著称。他本是希腊西部伊萨卡岛之王，后参与特洛伊战争，定下木马计并以此结束了十年战争，战后历经艰辛险阻，漂泊十年后回到家乡。《荷马史诗》的《伊利亚特》部讲述特洛伊战争的故事，《奥德修》部讲述奥德修的海上历险故事。

71.（第099页）原文 Indian summer，指北半球在入秋后天气晴朗回暖的一段时间，多为九月底至十一月中旬之间，常常在低温霜冻之后出现。中国传统有"十月小阳春"的说法，这里的十月是农历，通常对应阳历十一月。

72.（第100页）希腊神话和北欧神话中都有关于命运三女神的传说。希腊神话中的三位女神是主神宙斯（Zeus）的女儿，掌管世间生灵的命运与生死，其中，克罗托（Clotho）负责纺织生命之线，拉克西丝（Lachesis）负责丈量线的长度，阿特洛波斯（Atropos）负责剪断生命之线，即便宙斯也必须遵从她们的安排。北欧神话中的三位女神是兀尔德（Urd）、贝尔丹迪（Verdandi）和诗蔻迪（Skuld），分掌过去、现在和未来。

73.（第102页）指人工畜养的奶牛，对应过去草原上真正的北美野牛。

74.（第102页）一九四七年，威斯康星鸟类协会在威斯康星州的怀厄卢辛州立公园（Wyalusing State Park）设立旅鸽纪念碑，碑上镌刻铭文："献给一八九九年九月被射杀于巴布科克的最后一只威斯康星旅鸽。该物种因人类的贪婪与自私而灭绝。"旅鸽是一种北美鸽类，曾遍布落基山脉以东的北美大部分地区，随季节迁徙，原是北美数量最多的鸟类之一，数量以亿计，后因人类的食用等需求，加上生存环境遭到破坏，短短几十年间即遭捕杀至灭绝。最后一只人工饲养的旅鸽玛莎于一九一四年在辛辛那提动物园死去。

75.（第 104 页）克鲁马农人（Cro-Magnon）通常指旧石器时代晚期出现在欧洲板块的第一批早期现代人类，因其化石最初发现于法国克鲁马农山洞而得名。

76.（第 104 页）尼龙作为一种合成材料于一九三五年在杜邦公司的实验室诞生。杜邦公司如今是全球最大的化学制品公司之一，为杜邦家族的产业，但尼龙的发明者其实是当时领衔杜邦实验室有机化学研究的美国化学家华莱士·卡罗瑟斯（Wallace Hume Carothers，1896—1937 年）。

万尼瓦尔·布什（Vannevar Bush，1890—1974 年）是美国工程师、发明家，"二战"期间领导美国科学研究发展局（OSRD），主持整个战争期间的武器研发工作，他提出并执行了"曼哈顿计划"，领衔开展原子弹研究，并指导了首次原子弹试验和对日本的原子弹投放。

77.（第 105 页）见注释 11。

78.（第 108 页）保罗·班扬（Paul Bunyan）是美国民间传说中的英雄人物，出生在明尼苏达，作为一名巨人伐木工，他一分钟能吃下五十张煎薄饼，在伐木过程中造就了美国的许多山川河流，有一个同样体形巨大的搭档蓝牛贝贝（Babe the Blue Ox）。

北部森林特指美国和加拿大交界地带的混交林地区，包括美国的明尼苏达州北部、威斯康星、密歇根部分地区、新英格兰地区的森林区域，以及加拿大安大略省环五大湖的区域和圣劳伦斯河在魁北克境内至魁北克城的河段。

79.（第 108 页）特指废弃的城镇，多建立于美国西部淘金热期间，后因资源耗竭而人去楼空。

80.（第 109 页）纽卡斯尔是英国重要的煤炭产区，位于英格兰东北部的泰恩—威尔郡，因此这句俗谚的意思就是多此一举、徒劳无益。

81.（第 110 页）二十世纪三十年代，美国为了推动乡村通电，设立了农村电气化管理局（REA, Rural Electrification Administration），并于一九三六年颁布《农村电气化法令》（*REA, Rural Electrification Act*），向农户提供贷款，引导其创办联营式电力发展机构。

伊利诺伊州和艾奥瓦州

82.（第 111 页）乔治·罗杰斯·克拉克（George Rogers Clark, 1752—1818 年），美国独立战争时期的民兵领袖，曾率领一支一百七十五人的小队先后于一七七八年七月和一七七九年二月两次突袭伊利诺伊州的卡斯卡斯基亚（Kaskaskia）和文森斯（Vincennes），削弱了英军在东北战线的力量。

83.（第 111 页）一种动物传染病，通常发生在牛、羊、猪等动物身上，并通过未经充分消毒或煮熟的奶、肉等传染人类。

84.（第 112 页）蒲式耳（bushel）缩写 BU，为计量单位，原是一种定量的容器，英式蒲式耳和美式蒲式耳稍有差别，前者相当于 36.268 升，后者约为 35.238 升。与重量单位的转换因国别和具体农作物的不同而有所不同。

85.（第 113 页）即阉割过的公牛。犍牛通常性情温驯，容易驾驭。

亚利桑那州和新墨西哥州

86.（第 116 页）白山（White Mountain）是美国亚利桑那州东部的山脉和山区，纳瓦霍人的保留地就位于此处，山脉最高峰是鲍尔迪山（Mount Baldy），海拔 3475 米。

87.（第 116 页）守车是货运火车的最后一节，通常供车组工作人员使用。铂尔曼（Pullman）在美国特指铂尔曼公司旗下的豪华卧铺列车，该系列列车自一八六七年投入运营，覆盖美国绝大部分铁路路线，至一九六八年十二月三十一日停止运行。

88.（第 117 页）亨利·福特（Henry Ford, 1863—1947 年），福特汽车公

司创始人。汤姆、迪克、哈利都是常见人名，因此英语里以"Tom, Dick, and Harry"指代任何普通人。

89.（第118页）雷雨云的砧状顶部，出现于雷暴之前。

90.（第120页）发源自亚利桑那州中东部的一条河流，全长近八十二千米，向南穿越阿帕奇－希特格里夫国家森林（Apache-Sitgreaves National Forest）后汇入圣弗朗西斯科河（San Francisco River）。

91.（第120页）坎贝尔钢琴品牌全称为科勒－坎贝尔（Kohler & Campbell），由两名美国人查尔斯·科勒和约翰·卡尔文·坎贝尔于一八九六年创立，现归于全球最大的乐器制造商之一韩国三益公司旗下。

92.（第124页）梭罗（Henry David Thoreau, 1817—1862年），美国散文家、诗人、哲学家、自然主义者，代表作《瓦尔登湖》。这句话出自他的演讲《步行》（*Walking*）。

93.（第124页）埃斯库迪拉山（Escudilla Mountain）是白山山脉的一部分，见注释85，位于美国亚利桑那州的阿帕奇县境内。

94.（第125页）国家森林是美国政府管理并保护下的公有大型森林和林地。阿帕奇国家森林（Apache National Forest）横跨亚利桑那州和新墨西哥州，创建于一九〇八年，后于一九七四年与希特格里夫国家森林合并为阿帕奇—希特格里夫国家森林。

95.（第125页）一种厚壁铁锅，也有用铝或陶做的，最早出现于十七世纪末的荷兰，锅身较深，盖子闭合严实，有各种演化形式，露营或牛仔常用的荷兰锅通常有三个支脚、一个提环，可以吊在篝火上方，同时锅盖微微下凹，以便盛放燃烧的碳，令锅内的食物上下同时受热。

96.（第125页）"大脚"（Bigfoot）本是流传于太平洋东北沿岸一带的美洲野人传说中的生物，似猿似人，个头高大健壮，周身覆毛，因巨大的足印而得名，传说足印长六十厘米，宽二十厘米。由于部分足印中带有爪的特征，也有意见认为这些足印其实出自已知的大型动物，比如熊。这里用以指代熊。

97.（第126页）圣·乔治（St. George）是基督教中最受尊敬的圣徒之一，在有关他的传奇故事中，最重要的就是，他在途经利比亚时杀死食人恶龙，并引导饱受恶龙危害的全城人集体皈依了基督教。

奇瓦瓦州和索诺拉州

98.（第129页）奇瓦瓦州（Chihuahua）和索诺拉州（Sonora）都是墨西哥北部省份，与美国接壤。

99.（第130页）墨西哥境内有五处山脉以马德雷为名，这里指的是穿越墨西哥西北及西部的西马德雷山脉（Sierra Madre Occidental），它是北美科迪勒拉山脉的一部分。

100.（第131页）帝啄木鸟又称帝王啄木鸟，是体形最大的啄木鸟，体长可接近六十厘米，二十世纪五十年代以前分布于西马德雷山脉，目前处于极度濒危状态。

101.（第132页）埃尔南多·德·阿拉孔（Hernando de Alarcón）是十六世纪的西班牙探险家，因率队探索今墨西哥境内的下加利福尼亚半岛而为人所知。在这次探险中，他的探险队到达了位于科罗拉多河汇入加利福尼亚湾处的科罗拉多河三角洲一带。

102.（第133页）出自《圣经》的《旧约·诗篇23:2》，原文全句是"他使我躺卧在青草地上，领我在可安歇的水边"。按照《希伯来圣经》的记载，诗篇一百五十篇中的七十三篇都是以色列联合王国的第二任君主、确立犹太教为以色列国教的大卫（David，约公元前1010—前970年）所作。但这一传说并未得到当代学者认同。

103.（第134页）美国总统富兰克林·罗斯福于一九四一年提出"四大自由"，分别是言论自由、信仰自由、免于匮乏的自由、免于恐惧的自由。

104.（第134页）约瑟夫·鲁德亚德·吉卜林（Joseph Rudyard Kipling，1865—1936年），英国诗人、小说家，代表作为《丛林之书》（1884年）。吉卜林出生于印度孟买，五岁时返回英国接受教育，十七岁回到印度北部和今巴基斯坦一带工作。阿姆利则为印度北部城市。

105.（第 134 页）指美国中西部地区的玉米产区，通常来说，包括爱荷华、伊利诺伊、印第安纳、密歇根南部、俄亥俄西部、内布拉斯加东部、堪萨斯东部、明尼苏达南部和密苏里州的部分地区。

106.（第 137 页）由马其顿王国菲利普二世发明、其子亚历山大大帝发扬光大的步兵战阵，曾广泛应用于波斯战争等战役中。战阵由步兵排成方阵，手持长矛，第一排士兵平持长矛正对敌方，后排长矛渐次由倾斜至竖起，多用于骑兵破阵后控制敌方阵地。当时的步兵作战多无阵法，散乱无章，因此严整的马其顿方阵极具威力。

107.（第 138 页）对应"四大自由"，见注释 103。

108.（第 142 页）加维兰（Gavilan）在西班牙语中表示鹞鹰。

俄勒冈州和犹他州

109.（第 144 页）彼得·卡尔姆（Peter Kalm，1716—1779 年），瑞典 - 芬兰探险家、植物学家、博物学者及农业经济学家。一七四七年受瑞典皇家科学院委托，前往北美洲殖民地寻找可能用于农业发展的植物和种子。

马尼托巴省

110.（第 149 页）马尼托巴省（Manitoba）是加拿大中北部省份，南与美国北达科他和明尼苏达州接壤，北连哈德孙逊湾。克兰德博伊为省内北部小镇。

111.（第 150 页）阿加西湖（Lake Agassiz）是最后一个冰河时期曾覆盖北美洲北部中心地区的巨大冰湖，由冰川运动而形成，比如今五大湖区的总面积更大。十九世纪二十年代即有人对此提出推断，一八七九年正式命名，这个名字是为了致敬美籍瑞士生物学家、地质学家路易斯·阿加西（Louis Agassiz，1807—1873 年），他被尊为冰河时期的发现者。

112.（第 152 页）黑斯廷斯战役于一〇六六年十月十四日爆发，由当时还是诺曼底公爵的"征服者威廉"为赢取英格兰王位而发起，也是"诺曼征服英格兰"的揭幕战，同年圣诞，威廉加冕英格兰国王。

113. （第 153 页）伊利诺伊为美国东北部州，位于密歇根湖以南。阿萨巴斯卡湖为加拿大中部湖泊，自落基山脉发源的阿萨巴斯卡河向东北汇入湖中。

114. （第 153 页）在美国的农业分布上，玉米种植带主要位于五大湖区以南，而小麦种植带位于湖区以北的美国中部平原西北部地区。

卷三：总结
环境保护美学

115. （第 157 页）即西奥多·罗斯福（Theodor Roosevelt，1858—1919年），美国第二十六任总统，人称"老罗斯福"，昵称"泰迪"，在任期间建立了美国的资源保护政策。第三十二任总统富兰克林·罗斯福（Franklin D. Roosevelt，1882—1945 年）相对可称"小罗斯福"。

116. （第 158 页）出自美国作家沃尔特·埃德蒙兹（Walter D. Edmonds，1903—1998 年）的历史小说《伴随莫霍克的战鼓》（*Drums Along the Mohawk*，1936 年），小说讲述一个印第安莫霍克人的河谷在不断的战争中保护家园求存的故事，三年后改编成同名电影上映（亦被译为《铁血金戈》等）。

117. （第 158 页）葡萄园和无花果树都是《圣经》中多次提到的重要意象，亚当夏娃察觉自己的裸体后便是以无花果树叶蔽体，而对于葡萄园的解读在《新约》和《旧约》中有所不同。

118. （第 159 页）《圣经》中耶和华借以色列先知和首领摩西之口，向以色列民族传达了十条戒律，称"摩西十诫"。这是人类历史上最早的成文法律之一。

119. （第 160 页）美国的荒野保护协会（Wilderness Society）创立于一九三五年，旨在保护美国的自然区域和公共土地，本书作者是协会创始人之一。

120. （第 161 页）又称收益（报酬）递减规律，大意为当其他投入固定不变时，随着单一投入的连续增加，所带来的新增产出最终会逐步减少。

121.（第 163 页）过去欧洲封建贵族习惯将鹿头、熊皮等猎物的展示品挂在墙上作为装饰。

122.（第 165 页）丹尼尔·布恩（Daniel Boone，1734—1820 年），美国拓荒者、探险家，美国最早的民间英雄人物之一，最大的成就是探索今肯塔基地区。

123.（第 166 页）见注释 11。

124.（第 168 页）育空（Yukon）位于加拿大最西端。麦金利峰（McKinley）是北美最高的山峰，最高点海拔 6,190 米，位于阿拉斯加山脉。

美国文化下的野生动植物

125.（第 171 页）出自流传广泛的英语摇篮曲《睡吧睡吧胖娃娃》（*Bye Baby Bunting*），一七八四年首次正式印刷出版。歌词版本多样，最通行的一句大意为"睡吧睡吧胖娃娃，爸爸出门打猎啦，猎回一张兔子皮，把我娃娃裹好啦"。

126.（第 173 页）斯图亚特·爱德华·怀特（Stewart Edward White，1873—1946 年），美国作家，在二十世纪初期曾创作了大量冒险和旅行题材的著作，于自然史和野外生活着墨尤其多。罗斯福总统（见注释 114）曾经赞扬怀特是"有史以来最好的手枪手和来福枪手"。

127.（第174页）喉缩是一种多用于猎枪或霰弹枪的附加配件，安装在枪管口，帮助获取更好的射程和精准度。分不可调节和可调节两种。

128.（第 175 页）色诺芬（Xenophon，约公元前 430—前 354 年），古希腊哲学家、历史学家、士兵和雇佣军人，师从苏格拉底。

129.（第 176 页）指代猎犬。出自美国作家、编剧麦金莱·坎特（MacKinlay Kantor，1904—1977 年）发表于一九三五年的小说《巴格尔·安的叫声》（*The Voice of Bugle Ann*）。次年，小说被改编为同名电影，搬上荧幕。故事讲述了密苏里州一处有夜放猎犬猎狐传统的村庄与拉起铁丝网养羊的外来者之间的矛盾，矛盾爆发点是一条名叫巴格尔·安的猎犬的失踪。

130.（第 180 页）或指保罗·埃灵顿（Paul Errington，1902—1962 年），

美国动物学家，曾任教威斯康星大学，并在此期间认识了奥尔多·利奥波德，以之为良师益友，形成了紧密的合作关系。埃灵顿于一九六二年获利奥波德奖（Aldo Leopold Award）。

荒野

131.（第183页）长草草原特指北美中心地区的草原生态系统，现已不存。矮草草原特指北美大平原的草原生态系统，西至落基山脉东麓，东至美国中西部州内布拉斯加，北至加拿大西部省份萨斯喀彻温。

132.（第183页）卡巴萨·德·巴卡（Cabeza de Vaca，1490年前后—1558年前后），西班牙探险家，曾花费近十年时间在今美国西南部探险，组织纳尔瓦斯探险队（Narváez expedition，1527年）探索佛罗里达殖民地，也是探险队最终的四个幸存者之一。

133.（第183页）此处"淘金者"特指一八四九年加利福尼亚淘金热的参与者。"麦加逃亡"即公元六二二年穆罕默德率领追随者从麦加迁往麦地那（时称"亚斯里博"）的事件。

134.（第184页）美国东海岸的大西洋和西海岸的太平洋。

135.（第184页）奎提科－苏必利尔国际公园今称"边界水域"，美国明尼苏达州境内的部分现属于苏必利尔国家森林（Superior National Forest），加拿大安大略省境内的部分由奎提科省立公园（Quetico Provincial Park）和拉凡德雷省立公园（La Verendrye Provincial Park）组成。

136.（第185页）出自美国浪漫主义诗人威廉·卡伦·布莱恩特（William Cullen Bryant，1794—1878年）的诗作《死亡随想曲》（*Thanatopsis*）。

137.（第186页）出自英国出生的加拿大诗人罗伯特·威廉·瑟维斯（Robert William Service，1874—1958年）的诗作《致极北之地的人》（*To the Man of the High North*），诗人曾在加拿大育空地区居住近十年，有"育空的游吟诗人"之称。原文中此处所引诗句及上一处引诗均与原作略有出入。

138.（第186页）即北美北极研究所，最初由美加两国于一九四五年共同创立。

139.（第 191 页）全名约翰·欧内斯特·韦弗（John Ernest Weaver，1884—1966 年），美国植物学家、草原生态学者。

140.（第 194 页）梅里韦瑟·刘易斯（Meriwether Lewis，1774—1809 年）和威廉·克拉克（William Clark，1770—1838 年）受总统詹姆斯·杰斐逊委托，率领探险队探索美国刚在路易斯安那收购案中购得的今美国西部大部地区，寻找可通行路线并绘制地图，同时搜集地理、生物及原住民等信息。探险队历时三年（1804—1806 年）完成了任务。

141.（第 194 页）詹姆斯·卡彭·亚当斯（James Capen Adams，1812—1860 年），又被称为约翰·"棕熊"·亚当斯，加利福尼亚山区著名的陷阱猎手、探险者和驯兽人，为动物园、马戏团等猎捕并驯服野兽，尤以驯服棕熊著称。

142.（第 194 页）此处作者应该是指北美灰熊。

土地伦理

143.（第 197 页）见注释 70。

144.（第 198 页）生存于晚中新世至晚更新世期间（约 530 万—1.1 万年前）的大型动物。

145.（第 198 页）"黄金法则"的说法最初于十七世纪在英国神学家和神职人员中得以广泛应用，用以指代人类社会许多文明中都存在的最大限度的利他原则思想及行为规范，就对待他人的方式给予指引。在中国传统文化中，体现为墨家的"兼爱"及儒家的"己所不欲，勿施于人"等。

146.（第 199 页）以西结生活于公元前七至前六世纪，被视为希伯来先知。以赛亚生活于公元前八至前七世纪，犹太先知。《圣经·旧约》中有《以西结书》和《以赛亚书》。

147.（第 200 页）"自由的土地和勇士的家园"出自美国国歌《星条旗永不落》。

148.（第 200 页）传说中犹太人和阿拉伯人的祖先。

149.（第 201 页）北美箭竹是肯塔基州的原生植物，有观点认为"肯塔基"

在某种印第安原住民语言中表示"箭竹和火鸡的土地"。而肯塔基蓝草学名"草地早熟禾",原生欧洲,经殖民者带入美洲后在肯塔基大肆生长为优势植物,"蓝草之州"遂成为肯塔基州又一别名。下文的"黑暗血腥地"亦为该州别名,源于白人统治者对印第安原住民的多次屠杀。

150.(第201页)西蒙·肯顿(Simon Kenton,1755—1836年),美国著名边地拓荒者和战士,活跃于今西弗吉尼亚、肯塔基和俄亥俄州一带,是丹尼尔·布恩(见注释122)的朋友。

151.(第201页)一八〇三年,美国以大约一千五百万美元的总价自法国手中购得路易斯安那地区,将当时的国土拓展至翻倍,版图向西扩张到落基山脉一带。该地区总面积约两百一十四万平方公里,包括今美国中部十五个州和两个加拿大省份的全部或部分地区。

152.(第202页)美墨战争(1846—1848年)于当年结束,墨西哥战败,签订《瓜达卢佩-伊达尔戈条约》,将包括今加利福尼亚州、新墨西哥州等南部多地陆续割让给美国。

153.(第202页)普韦布洛人(Pueblo Indians)是生活在美国西南部的一个印第安原住民部落,特点在于其生活方式通常为定居而非游牧,他们会就地取材建造泥砖房屋,以村落形式聚居。普韦布洛(Pueblo)在西班牙语中表示村落、村镇、居民等。

154.(第205页)即一九三七年一二月间的俄亥俄河洪灾,受灾地区包括从匹兹堡到伊利诺伊州的开罗市之间的区域,洪水造成三百八十五人死亡,上百万人流离失所,经济损失达五亿美元。

155.(第214页)即尤里乌斯·恺撒(Gaius Julius Caesar,公元前100—前44年),罗马共和国执政官,为罗马帝国的崛起奠定了基础。他也是著名的诗人,在《高卢战记》一书中对当时西欧各地的地貌风土与人情风俗多有记述。

156.(第214页)欧扎克地区(Ozarks)为美国中部的高地区域,包括欧扎克山脉、欧扎克县和欧扎克高原等,主要分布于阿肯色州、密苏里州和俄克拉何马州境内。

157.（第214页）新英格兰（New England）是美国东北部的地理概念区域，覆盖六个州：康涅狄格州、缅因州、马萨诸塞州、新罕布什尔州、罗得岛州及佛蒙特州。

158.（第217页）美国栗树为美国原生物种，二十世纪初还曾在阿帕拉契亚山脉等美国东部地区阔叶林里占到总面积的四分之一，后因栗疫病（也称枯萎病）蔓延而陷入功能性灭绝状态。

159.（第219页）出自美国诗人埃德温·阿林顿·罗宾逊（Edwin Arlington Robinson，1869—1935年）普利策奖获奖诗作《崔斯特瑞姆》（*Tristram*，1927年）。罗宾逊曾三次获得普利策奖，四次获诺贝尔文学奖提名。崔斯特瑞姆是中古传说中亚瑟王的圆桌骑士之一，又称特里斯坦（Tristan），是康沃尔王马克的侄子。传说他受命出迎马克王的未婚妻伊索尔德，不料返程途中两人双双误服爱情魔药而相爱，从此经历了种种煎熬考验。

·End·

奥尔多·利奥波德　Aldo Leopold

1887.1.11—1948.4.21

美国生态学家、环境保护主义者

1887年，出生于德裔移民家庭，自小热爱野外生活

1909年，耶鲁大学林学院硕士毕业，开始野生生物研究与自然写作

1935年，买下荒废的"沙乡"农场，率先以土地伦理视角观察生态共同体，

成为美国新环境理论创始者

1948年，在赶赴邻居农场救火途中，心脏病猝发逝世

1949年，《沙乡年鉴》出版，被公认为"美国资源保护运动的圣书"

杨 蔚

南京大学中文系

自由撰稿人、译者

热爱旅行，"孤独星球（Lonely Planet）"特邀作者及译者

已出版译作：

《自卑与超越》《太阳照常升起》《乞力马扎罗的雪》

《夜色温柔》《那些忧伤的年轻人》等

沙乡年鉴

作者 _ [美]奥尔多·利奥波德　译者 _ 杨蔚

产品经理 _ 赵鹏　　装帧设计 _ 王雪　山葵栗　　产品总监 _ 陈亮　　技术编辑 _ 丁占旭
责任印制 _ 刘世乐　　出品人 _ 曹俊然

营销团队 _ 欢莹　庄舒杨

果麦

www.guomai.cc

图书在版编目（CIP）数据

沙乡年鉴 / （美）奥尔多·利奥波德著 ；杨蔚译
. -- 北京 ：台海出版社，2022.12
ISBN 978-7-5168-3413-8

Ⅰ．①沙… Ⅱ．①奥… ②杨… Ⅲ．①环境保护—普
及读物 Ⅳ．①X-49

中国版本图书馆CIP数据核字(2022)第193266号

沙乡年鉴

著　　者：	[美]奥尔多·利奥波德	译　　者：杨 蔚
出 版 人：蔡 旭		装帧设计：王 雪　山葵栗
责任编辑：俞滟荣		

出版发行：台海出版社
地　　址：北京市东城区景山东街20号　邮政编码：100009
电　　话：010-64041652（发行，邮购）
传　　真：010-84045799（总编室）
网　　址：www.taimeng.org.cn/thcbs/default.htm
E - ma i l：thcbs@126.com

经　　销：全国各地新华书店
印　　刷：嘉业印刷（天津）有限公司
本书如有破损、缺页、装订错误，请与本社联系调换

开　　本：880毫米×1230毫米	1/32
字　　数：180千字	印　张：8
版　　次：2022年12月第1版	印　次：2023年4月第1次印刷
书　　号：ISBN 978-7-5168-3413-8	

定　　价：48.00元